# 生态文明的
# 理论建设与实践探索

李威 著

黑龙江教育出版社

图书在版编目（ＣＩＰ）数据

生态文明的理论建设与实践探索 / 李威著. -- 哈尔滨：黑龙江教育出版社, 2020.3
ISBN 978-7-5709-1059-5

Ⅰ.①生… Ⅱ.①李… Ⅲ.①生态文明—建设—研究—中国 Ⅳ.①X321.2

中国版本图书馆CIP数据核字(2020)第043778号

生态文明的理论建设与实践探索

Shengtai Wenming De Lilun Jianshe Yu Shijian Tansuo

李威 著

| | | |
|---|---|---|
| 责任编辑 | 曾令欣 | |
| 封面设计 | 百悦兰堂 [BAIYUE LANTANG] | |
| 责任校对 | 张伟佳 | |
| 出版发行 | 黑龙江教育出版社 | |
| | （哈尔滨市道里区群力第六大道1305号） | |
| 印 刷 | 黑龙江艺德印刷有限责任公司 | |
| 开 本 | 787毫米×1092毫米　1/16 | |
| 印 张 | 14.75 | |
| 字 数 | 190千字 | |
| 版 次 | 2020年3月第1版 | |
| 印 次 | 2020年3月第1次印刷 | |

书 号　978-7-5709-1059-5　　　　　定 价　68.00元

黑龙江教育出版社网址：www.hljep.com.cn
网络出版支持单位：东北网络台（www.dbw.cn）
如需订购图书，请与我社发行中心联系。联系电话：0451-82529593　82534665
如有印装质量问题，影响阅读请与我公司联系调换。联系电话：0451-55120170
如发现盗版图书，请向我社举报。举报电话：0451-82533087

# 序

文明是人类文化发展的成果，是人类改造世界的物质和精神财富，同时文明也是人类进步的重要标准。《周易》中曾说道："见龙在田，天下文明。"在西方，文明一词最早见于古希腊时期，在那时候指的是一座城邦，是这座城邦的代称。

人类作为地球上智商最高的物种，可以凭借自己的智慧能动地改造自然，但是人与自然同样都生活在一个生态圈内，人对自然的改造活动必须要遵循自然的规律，在尊重自然的基础上改造自然。由此，人类的生存与发展时刻保持在自然的承受范围内，有利于双方的共同发展。

文明的实质就是人类社会对人与自然关系的一个认识的把握，把握人类文明演进的过程就是要准确把握人与自然之间的相处模式，理解两者之间的关系。纵观人类文明的发展史，人类的文明共经历了四个时代。从最开始的人类以狩猎采集为主的原始文明时代，到种植业和养殖业相辅相成的农业文明时代，再到大规模机器生产的工业文明时代，最后到了当今注重生态保护的生态文明时代。这些文明都是人与自然之间相互作用的产物，人类在利用自然的基础上，对自然造成了不可逆的影响。同样，自然在人类活动的影响下，也对人类产生或好或坏的重大影响。总之，这些文明是人类社会发展的产物，对人类社会发展具有突出贡献，但是这些文明同样也在生态环境方面给人类留下了许多深刻的教训。生态文明是从原始文明、农业文明和工业文明这三个文明的基础上演变而来，梳理人类文明发展的历程对于认识生态文明具有重要的意义。

# 目　录

# ★第一章　人类文明发展历程

# 第一节　人类文明演替的规律

人类社会的演变大致经历了几百万年的历程，分为原始文明、农业文明和工业文明三种，人类的生产方式由自给自足的手工生产逐渐转变成机器生产，带动了生产效率的进一步提升。瑞士的著名哲学家艾赫尔曾经在其著作《人与技术》中发表了一段著名的言论，阐明了人类文明发展的演进过程，梳理了人类文明发展的基本脉络。

文明是一个政治、经济、文化、社会的复合体，政治、经济、文化、社会等影响着文明的发展，但是文明诞生的首要前提条件就是人与自然之间建立和谐的关系。这说明人类文明的发展具有一定的规律，并不是平白无故地由原始文明到农业文明，从农业文明到工业文明的转变过程。人与自然的关系是"源"与"汇"的关系。所谓"源"指的是人类从自然中获取各种各样的物质资源，所谓的"汇"指的是人类在利用完自然之后，将自然的废弃物还给自然。"源"要求人类从自然的实际水平出发，将人类的生产生活控制在自然可承受的范围之内。"汇"要求人们在将废弃物返还给自然的时候，要注意自然是否可以消化分解这些废弃物，如果超过自然的承载能力，不仅会导致自然的功能降低，还会对人类本身产生严重的不良影响。总之，人类在利用自然的过程中，要注意保护自然，时刻将自然的可承载能力作为活动的行为准绳，实现人与自然的可持续发展。

人类文明经历了原始文明、农业文明和工业文明，这个文明历程实质上就是"源"与"汇"的作用使然。每一次文明的建立必将经历"选择——强化——危机——再选择"的过程,这是文明变更的必然过程,是"源"与"汇"的作用。之所以人类文明发生变革,最重要的导火索就是人口。由于人口的增加,人们必然会想要获取更多的"源",必将强化自己的生存方式,目的是为了养活更多的人口。但这种生存方式的强化,往往会频繁引发人类与自然之间的冲突。当人与自然的关系已经濒危到顶点的时候,这就需要人们另寻出路,即变革生存的方式,这时候一种新的文明形态诞生,取代了原有的文明形态。人类文明的发展周而复始,长此以往,不断推动人类文明类型的变更。

# 第二节　原始文明到农业文明

　　原始文明是人类生产生活方式的最早形态，这种文明的最主要特征是以采集狩猎方式为主。这种文明的开始应当追溯到人类这一物种出现，一直到农业文明形态出现而结束，这种原始文明是在人类文明发展史上存在时间最长的文明形态。在这一时期，原始文明的最大特点就是人类要靠天吃饭，人类要正常开展生产生活，必须仰仗天意。那时候的技术水平还很落后，人类没有能力大规模地开采利用自然，因此当时人类对自然的破坏力微乎其微。在原始文明时代，人类要遵循自然的规律，顺应自然，男的以打猎为主，女的以采集为主，人类以采集狩猎的方式维系自己的生活。

　　以我们现代人的思维方式来看，我们会觉得原始文明时代生产力低下，医疗水平落后，人们的生存条件十分的简陋，生活状态十分的凄惨，但是丰硕的考古成果逐渐纠正了这一错误思想。哥伦比亚大学的人类学教授——马文·哈里斯的《文化的起源》和美国加州大学的历史学教授——斯塔夫里阿诺斯的《全球通史》都为我们详尽地介绍了原始文明时代人类的生存生活状况。他们认为原始文明时代虽然生产力落后，但是人类的生存状况是处于一个尚可的状态，甚至从身高、营养、居住、寿命、工作强度等方面来看，原始文明时代的人们要优于农业文明的人类。

　　从身高上来看，原始文明时代的人类身高与现代人的身高大致差不多，但是比农业文明时代的人类要高。

　　从营养上来看，原始时代的人类主要生存方式是以采集狩猎为主，男人承担狩猎动物的责任，女人承担采集野果的责任，水果与动物脂肪混合搭配，人类的饮食结构营养丰富，搭配合理。在农业时代，人们学会了种植和养殖技术，开始种植小麦等农作物，养殖牲畜，由此人类的饮食结构发生了变化，主要是以淀粉类为主。比较原始文明和农业文明时代人类的营养状况，最重要的一个方式就是看落齿数。落齿数越少，证明营养获得的越高。从考古资料来看，原始时代的人普遍要比农业时代的人营养状况要好。

　　从居住上来看，原始文明时代人们的居住地点主要是地穴，在地穴里铺上动物的毛皮来御寒，在地穴壁上点燃动物的油脂来取暖。中世纪的西方住宅承袭了这一方式，但是居住地点由地穴改为地上。

　　从寿命上来看，在原始文明时代，人们普遍过着游牧的生活，居住地点漂泊不定，这种流动的生活不易导致细菌的滋生。虽然当时的人们也极易患病，但是总体来说患病的人数比农业时代要少，原因在于农业文明的人们圈定地点圈养牲畜和种植农作物，人们居住的地点固定且集中，就容易导致这一片区域中的一人发病传染给另外的人。

　　从工作强度上来看，原始文明的人们过着狩猎的游牧生活，人类的主要工作就是满足自己和家庭的基本温饱。这时的人们讲究集体狩猎，并不是一个人用武力来制服动物，而是人们选择某种方式将动物驱逐到悬崖边，让动物自己摔死，随后人们将尸体捡回家供族人享用。人们普遍会选择大个头的动物围猎，例如：羚羊、马、野牛等大型食草动物。人类的每次围猎都会使人类能够获得好几天的食物供给。而到了农业文明时代，人们主要采取自给自足的生产方式，种植的农作物和圈养的牲畜不仅要满足自家的生活需要，还要向政府进行纳税，人们的劳动时间普遍在十一小时。相比于原始文明时代的人们，农业文明时代的人们生活压力要更大。

由此看来，原始文明时代的人们各方面条件要优于农业文明时代，但是为什么农业文明逐渐取代了原始文明？这一转变主要取决于"选择——强化——危机——再选择"的发展规律。原始文明过渡到农业文明的最重要的影响因素就是人口的增加。在原始文明时代，人类过分地依赖于天意，只能采取狩猎采集的方式，所获得的自然资源十分有限，仅能养活少数人口。这时候人们对于自然的开发力度极小，因此不牵扯"汇"的问题，产生的废弃物在自然的承受范围内，可以被充分地分解，不会对自然环境产生较大的影响。然而人口数量不可能是一成不变的，人口数量会随着时间的推移逐渐增多，这时候原始的采集狩猎方式无法满足人类的需求，人类就开始强化采集狩猎的方式，主要表现为加强狩猎的强度和采集的强度，借此希望能够从自然界中获得更多的资源。但是在这种单一的生产方式之下，想要获得充足的自然资源还是十分有限的，这时候人们就会想到用减少人口的方式来减轻生存压力。例如：很多妻子在十月怀胎之后选择娩出婴儿，再将婴儿杀死，通过这样的方式减少人口；老年人这个群体是一个"拖油瓶"群体，老年人无法承担采集狩猎活动，还需要年轻人来赡养他，因此部落群体会采用流动的方式或提前举行葬礼的方式来淘汰老年人。

另外，随着时间的推移，原始文明时代结束了大型动物狩猎阶段，迎来了狩猎小型动物的阶段。这时候人们付出努力所获得的食物只有原来的几分之一，食物量的减少迫使人们改进技术水平，提高狩猎的效率。然而现实是虽然人类的技术水平提高，却并不能够改变狩猎效率的日渐低下。因为这时人们虽然猎捕到跟以前同样数量的猎物，但是由于猎物体积的下降，导致狩猎效率低。

总之，人口数量增多的压力加上环境的压力使得人类的原始文明出现了危机，这种生存方式难以维系人类的生活，人们迫于压力必须要做出改变，这种改变重点体现在生产方式的变革。人们将主要的生产方式转变为农业生产，从原始文明转变为农业文明，这是一种迫于现实压力的主动选择的过程。

# 第三节　农业文明到工业文明

农业文明的主要特征是以种植农作物和圈养牲畜为主，是当时人们解决生存问题的重要方式。前面所述，农业文明在某些方面不如原始文明，但是农业文明的出现是人类文明史上的一个重要转折点。主要表现在：第一，实现了人口的定居。定居对于人类的生产生活、政治、经济、文化等方面具有重大的影响，城市化的出现是人口定居的一种演变，机器生产得以顺利进行也是人口定居带来的重要影响。由此，可以说人口的定居引发了人类社会的重大变革，其贡献功不可没。第二，实现了获得自然资源数量的提升。人们在一个地方安定下来，就开始种植农作物和圈养牲畜，这种自给自足的农业生产方式能够大大缓解人地之间的矛盾，养活的人口数量更多，人类文明得以不断地延续。

然而人口的增长是一个历史发展的必然趋势，定居和农业生产更容易提高人口数量增长的速度。下列数据能够直观地反映农业文明时代人口增速的加快。"距今一百万年前到距今十万年前，世界人口从一两万增长到二三十万，每千年增幅1%；距今十万年前到距今一万年前，世界人口从二十到三十万增长到五百万，每千年增幅15%；距今一万年前到距今五千年前，这时候的人类文明已经进入农业文明时期，世界人口的数量从五百万飞速增长到三千万，每千年增幅增长为40%……距今一千年前，世界人口为3.06亿；距今五百年前，世界人口为4.46亿；距今350年前，世界人口为 5.45 亿。"①农业文明时期的人口增长数量远超于原始文明时期，人类为了养活众多的人口，必须要从自然中获得更多的资源，才能保证自身的生活。人类提高获得自然资源的数量，必然要强化农业的生产方式，这种强化的手段主要有以下两种方式：第一，增加单位产量；第二，扩大种植面积。这两种强化的手段是古人一直沿用的方式，然而这两种手段既有利也有弊。首先，这种精耕细作的方式确实在最初能够获得自然资源数量的提高，但是从长远来看，受光合作用的影响，作物增加产量到一定的程度，会遭遇瓶颈。而且受自然条件的影响，持续扩大种植面积的手段也无法按需进行。其次，这种持续强化的结果必然会对人们生活产生不良影响。当农业文明发展到一定的阶段，人类的农业活动覆盖率达到了顶峰的时候，确实在一定程度上会缓解人口压力和资源压力，但是从长远来看，这种高覆盖率的农业生产方式可能会破坏生态环境，毁坏植被和湖泊，造成水土流失、泥石流灾害，严重者甚至危及人类自身的生命安全。这种生态环境的严重恶化又会反过来影响农业的发展，使得农业生产失去基础，生存发展难以为继。在农业文明的大背景下，人类取之于自然，用之于自然，最终弃置于自然，人类最后抛弃的废弃物在一般意义上也是一种自然物，但是这时候有关于"汇"的问题并不突出。

农业文明时期，人们没有处理好短期效益和长期效益之间的关系，过于急功近利开拓自然资源，也没有解决好人口快速增长与食物供给有限之间的矛盾，导致人与自然之间的危机日益加剧。这种危机的加深表现为古代人类文明的消逝。例如：众所周知玛雅文明是一个灿烂而辉煌的文明，这时候的人口、建筑、文化都处于一个鼎盛的时期，尤其是在天文学方面的成就让世人赞叹。就是这样的一个文明，却在人口增长与自然环境之间

---

① 吴忠观：《人口学》，重庆：重庆大学出版社，1994 年，第 110 页。

产生了严重的矛盾，导致玛雅文明的湮灭。

　　另外，农业文明面临在生态环境保护方面的巨大困难，人口定居的生活方式容易会对某一人类集中活动区域的环境造成严重影响，这种影响主要表现为垃圾问题的出现。垃圾问题在城市中表现得更为明显，人口定居将会带来技术方面的进步提升，技术提升也会带来人口的持续增长，周而复始，一座座城区涌现。城市的出现是人类文明发展史上的一座里程碑，但是城市的出现对生态环境造成一定的影响，产生这种现象的原因在于人们还未形成生态环境保护的意识。不过从人类文明发展史的整体来看，农业文明时期城市化的规模不大，对于生态环境的影响并不是很明显，还未对生态环境造成严重的破坏。

　　当农业文明难以走出危机，人口增长与自然资源之间的矛盾日益加剧之时，人类又重新选择另一种人类文明，这时工业文明出现并逐渐代替农业文明。

# 第四节　工业文明引发的生态危机

农业文明结束，随之而来的是带来重大社会变革的工业文明，人们开始进入了机器时代。工业文明为人类生活提供便利的同时，也为人类带来了众多的财富，推动了人类文明走向繁荣复兴。工业文明在为人类创造正向影响的同时，也会对生态环境产生负向的影响，当这种影响超过了生态环境的承载能力之时，就会反击报复人类，对人类本身造成伤害。

## 一、工业文明的机理

农业文明后期，人与自然之间的矛盾加剧，自然资源远远不能满足人类的需求，这时候工业文明出现了，并顺利替代了农业文明，成为时代的主宰。工业文明开始的序幕是以英国蒸汽技术的出现作为代表，自此人类开始了大规模机械生产的模式，这种开发自然的强度是原始文明和农业文明远不能及的。

在工业文明时代，工业革命的出现推动了大规模机械生产的出现，并且也导致了劳动力分工的日益精细化，需要源源不断的劳动力来保证工业模式顺利开展。于是就出现了农村人口涌向城市的现象，这就是城市化进程。与之同时，农村地区的劳动力就会呈现下降的趋势，但是工业技术的开展正好弥补了劳动力的不足，使得生产效率得到了稳步提升。更重要的是，工业文明中的农业能够顺利开展得益于石油产业，农业生产与石油产业密切相关。例如：播种机、收割机等机器都是用石油来产生动力的机械；农业用的化肥、农药等也都是从石油中提炼出来。可以说，石油产业带动了农业生产效率的提高，工业时代的机械农业要比农业时代的手工农业，生产效率更高，满足更多人的生存需求。

工业文明时代是人类文明发展史上的一次重要的突破，具有革命性的意义，其成就为后世称赞。首先，大大提高了生产力。马克思曾这样说过："生产力仿佛忽然从地下冒出来了，一夜之间，世界已经完全不同了，资产阶级在它不到一百年的统治时间内，创造的生产力远比过去一切时代创造的全部生产力还要多。"[①] 由马克思的这段论述可知，资产阶级创造的工业文明时代生产力得到了空前发展。在这种盛世之下，人们越发懂得了大规模机器生产给自己的生产、生活带来的便利，因此，工业生产成为时代的主流，并逐渐取代了传统的手工业。其次，发展更加迅速。在农业文明时期，人们采用人力的方式支撑自己对物质的基本需求，但是人们逐渐发现这种方式在提高生产力方面的效果不佳。人们再一次面临着时代的选择，工业文明的出现变革了人类的生活，并以迅雷不及掩耳之势飞速崛起。

工业文明为我们带来正向影响的同时，也为我们的生活带来了负向影响。与原始文明和农业文明面临的问题不同的是，工业文明不仅要面临"源"的问题，还要思考"汇"的问题。首先，关于这个"源"的问题，人们需要从自然中汲取资源，然后将资源转换成对人类有用的产品。在工业文明时代，机器生产是转换资源的主要方式，它的效率和破坏力远超人工，对生态环境的破坏力也会更强。由于工业时代开发自然的强度增大，随之还会伴随着能源问题和资源问题的产生。大自然的资源不是取之不尽用之不

---

① 马克思，恩格斯：《马克思恩格斯选集》（第1卷），北京：人民出版社，1995年，第201页。

竭的，人类一味地从自然中索取资源，不注重资源的可持续发展，终将造成能源和资源的供给短缺，影响人类的生活。其次，关于"汇"的问题，人类在利用自然的同时，也会向自然环境排放废弃物，污染自然环境。工业文明产生的废弃物大多数是成分复杂的合成物，这种复杂物往往很难分解、降解，未分解的废弃物反过来又影响着人类的健康。到了工业革命后期，由于管理的欠缺，"汇"的问题更加严重。工业文明对生态环境的破坏主要集中在工业污染、农业污染和城市污染三个方面。

### 二、工业文明的工业污染

工业污染是困扰工业文明的主要问题，相关的案例数不胜数，其中最著名的要数"八大公害事件"。"八大公害事件"主要产生于最先开展工业革命的国家，有马斯河谷事件、多诺拉事件、伦敦烟雾事件、洛杉矶光化学烟雾事件、水俣事件、富山事件、四日事件、米糠油事件。

第一，马斯河谷事件。事情发生于二十世纪三十年代的比利时，当时比利时的马斯河谷地区的气温发生了逆转性变化，加之当地工厂排放了许多有害气体和粉尘，导致这些有害气体和粉尘在近地大气层堆积。人类和牲畜吸入这些有害气体和粉尘，导致许多人和牲畜发病死亡。据统计，在短短一周内，共有六十多个人死亡，还有数不清的牲畜死亡。此次事件的爆发主要是由于有毒气体和粉尘污染的作用所致，当时空气中的二氧化硫的浓度高达 25~100 毫克/立方米。

第二，多诺拉事件。在二十世纪四十年代，美国宾夕法尼亚州的多诺拉小镇连续多日持续有雾，这些雾中含有大量的二氧化硫、金属元素和金属化合物。人们吸入这些有毒的雾，导致全镇百分之四十三的人口发病，其中十七人死亡。

第三，伦敦烟雾事件。英国伦敦素有"雾都"的称号，在二十世纪五十年代，居住在伦敦的很多人相继患上了呼吸系统疾病，在短短两个月的时间内，共计有一万两千多人死亡。据调查统计，当时空气中二氧化硫的含量是平时的六倍，尘埃浓度的含量是平时的十倍之高。此次伦敦烟雾事件是在伦敦空气污染事件中最为严重的一次，这是大自然对煤能源污染的一次严重警告。之所以英国的煤能源污染程度如此之深，主要有两方面的原因：一是英国是最早开始工业革命的国家，热爱用煤来为机器提供动力；二是英国的地势决定了有毒气体排不出去，伦敦属于盆地地形，因此污染在两边排不出去，一遇到阴天下雨产生逆温，就会导致上下空气不流通，造成有毒气体回灌。

第四，洛杉矶光化学烟雾事件。这次事件的发生是因为美国汽车行业的发展。1936年，第一批石油在美国洛杉矶开采出来，与之兴盛的还有汽车业的发展。到了二十世纪四十年代，洛杉矶已经拥有两千五百万辆汽车，每天消耗约一千六百万升汽油，成为"骑在轮子上的城市"。不幸的是，这种场景没有持续多久，人类就爆发了严重的生存危机。汽车尾气中的碳氢化合物和氮氧化合物在强光的照耀下，发生了二次反应，形成了浅蓝色的光化学烟雾，这种烟雾刺激着人的眼、喉、鼻，导致人们患上了眼病、喉头炎等疾病，甚至导致人死亡。光化学烟雾不仅引发了人类生存危机，还导致了远在千里之外的柑橘减产、松树枯萎。

此次事件的爆发，说明了工业污染不仅与人类的生产生活相关，还与人类的生活方式相关，人类不仅仅是工业污染的制造者，也是工业污染的受害者。

第五，水俣事件。事件发生在1908年日本九州南部的水俣市，水俣市建了一个生产氮肥的工厂。照常理来说，厂区的建立是一个兴民、利民的规划，但是该厂却将废弃物——甲基汞化合物未经处理直接排放到水俣湾中，引发了水污染。自此，在该地相继发现了行为异常的猫，还有身患怪病的人。经过调查发现，此病的发病原因就是因为吃了水俣湾中的鱼。工厂直接向水中排放甲基汞化合物，甲基汞化合物在鱼的体内积累，随后人或者猫捕食了患病的鱼，就会患病。

第六，富山事件。二十世纪五十年代，日本三井金属矿业公司在富山平原的神通川上游开设了冶锌厂，该厂将含有金属镉的废水直接排放到神通川，含有金属镉的神通川水再被用来灌溉农田，长出来的粮食含有金属镉，有毒的粮食吃到人的嘴里，使得人身患"骨痛病"。

第七，四日事件。在二十世纪的五六十年代，日本的四日市兴建了许多石油化工厂，这些石油工厂向空气中排放大量的有毒气体，使得周围的居民患上了呼吸道疾病。

第八，米糠油事件。1968年，日本的九州爱知县在生产米糠油的过程中，不慎将多氯酸苯混入其中。这些掺有有毒物质的米糠油流入市场，导致一千四百多人相继中毒。在四个月后，中毒者的人数突然猛增到六千多人，并且有十六人因中毒症状严重而死亡。与此同时，米糠油的副产品黑油被当作家禽的饲料，数十万只鸡也在此次事故中死亡。

综上所述，"八大公害事件"只是工业污染的冰山一角，只不过是因为其影响范围较大，所以才为全球各地的人所知。其他地方没有被报道出来，不代表该地方没有爆发工业污染。工业污染时刻伴随着人类生活，为了人和自然的可持续发展，人类必须有所作为缓解这一现状。

### 三、工业文明的农业污染

工业文明不仅产生了严重的工业污染，还会对农业造成污染，对农业的污染主要体现在对土地的破坏上。

首先，造成了土壤污染。土壤污染的原因主要在于化肥的广泛应用，化肥能够提高作物的产量，因此成为农民的惯用手段，但是化肥对土壤也会产生污染，比如造成土壤酸化而板结，土壤肥力下降等问题。另外，化肥的过度使用还会造成土壤的肥力下降。根据调查显示，全球12亿公顷的退化土地上，约有百分之十二的土地是因为过度使用化肥而退化的。这些多余的化肥还会流入周边的水塘中，造成水污染。化肥对水体的污染在美国和欧洲各国最为严重；美国约40%的河流因为化肥的污染而检测水质不合格；在欧洲各国，过度使用化肥造成了地下水硝酸盐污染，水体含有大量的磷，这种磷污染约占水体污染总负荷的24%~71%。

其次，人类过度开发土地造成了土地荒漠化进程的加快。联合国环境规划署曾经三次系统化评估了全球荒漠化的状况。"根据1991年统计的报告来看，全球荒漠化的面积已经由1984年的34.75亿公顷增加到了1991年的35.92亿公顷，土地荒漠化面积占到了全球陆地面积的四分之一。在全球35亿公顷的土地荒漠化土地中，水浇地有2 700万公顷，旱地有1.73亿公顷，牧场有30.71公顷。从土地荒漠化的速度来看，全球每年有600万公顷的土地变成荒漠，其中320万公顷是牧场，250万公顷是旱地，12.5万公顷是水浇地。另外还有2 100万公顷土地因退化而不能生长谷物。"①

|  | 面积（万平方公里） | 占干地的比例（%） |
|---|---|---|
| 退化的灌溉农地 | 43 | 0.8 |
| 荒废的依赖降雨的农地 | 216 | 4.1 |
| 荒废的放牧地<br>（土地和植被退化） | 757 | 14.6 |

---

① 宋言奇：《苏州生态文明建设 理论与实践》，苏州：苏州大学出版社，2015年，第13页。

续表

| | 面积（万平方公里） | 占干地的比例（%） |
|---|---|---|
| 退化的放牧地<br>（植被退还地） | 2 576 | 50.0 |
| 退化的干地 | 3 592 | 69.5 |
| 尚未退化的干地 | 1 580 | 30.0 |
| 除去极干旱沙漠的干地总面积 | 5 172 | 100 |

综上所述，工业文明的发展也会对农业产生污染，化肥的使用造成土壤肥力退化，甚至影响周围水源的水质。人类无节制地开垦农地，会造成土地荒漠化的加剧。因此，人类应该注意合理运用肥料，规划性地发展农业，开垦土地，实现农业的可持续发展。

### 四、工业文明的城市污染

城市本身就是一个个小型的生态系统，在这个生态系统当中，主要有生产者、消费者和分解者，如果缺乏分解者，那么这个生态系统就是一个不健全的系统，生态平衡必然遭受破坏。工业革命后，农村与城市之间的差距逐渐拉开，城市需要越来越多的劳动力，于是农村人口成为解决劳动力短缺问题的主力。这时候的城市化进程加快，城市规模扩大，但是人们的认知水平还未达到理想的状态，因此引发了诸多问题。人口一下子涌入城市，而城市缺乏科学的规划设计，没有充分考虑到地理、风向、水文等生态要素，于是整个城市的发展处于一个毫无规划设计的格局之中。

资本主义的生产方式促进了原有城市格局的改变。我们会看到工业区与居民区交错混搭的场景，在居民区外包围着工业区，在工业区外包围着居民区。另外，铁路的修建和火车的出现是工业革命的一件大事，各个城市在市中心或者郊区建立起火车站。在城市化的规模扩大之后，原本的郊区被新一批新建的建筑包围，成为新的市中心，这时候原有的郊区火车站成为市中心的火车站，这种城市化发展的模式更加加剧了城市格局的混乱。在刘易斯·芒福德的《城市发展史》中说道："……村子扩大为城镇，城镇扩大为大都市。城镇的数目成倍增长，五十万以上的城市也在增加。建筑物及其覆盖地区的面积，日益扩大，规模空前，大量的建筑物几乎一夜之间拔地而起。人们匆匆忙忙地盖起房子来，而在重新拆旧建新时，几乎忙得没有时间消停下来总结他们的教训，而且对他们所犯的错误也满不在乎。新来的人，孩子或移民，等不及新的住处。他们迫不及待地挤在任何能栖息的地方。在城市建设过程中，这是一个将就的时期，大批供临时凑合使用的建筑物，匆忙建起。"[①]在这个急功近利的时代，人口激增，城市化规模扩张，加之缺乏合理的规划，使得生态环境爆发了一系列的问题。

　　在整个工业革命的初期，城市给人们的健康造成了严重的影响，这种影响甚至是触目惊心的，许多西方的学者也在其著作中强烈地抨击了这种行为。英国的克莱夫·庞廷在《绿色发展史：环境与伟大文明的衰弱》中提到："如果生在二十世纪的人们，穿越时空被运送到十八或十九世纪，那么他一定会被当地城市的气味所震惊。这些气味来自于成堆的垃圾、人畜的粪便，它们常常被堆在人来人往的街道上，有时还会渗入当地的河流或小溪中，污染水质。"[②]美国的刘易斯·芒福德还曾经将工业革命初期的城市称为"煤炭城"，这种城市的典型特点就是空气永远是灰蒙蒙的，一些黑色的烟源源源不断地从工厂的烟囱、汽车的尾气、铁路中排出，甚至有些铁路冒着突突的黑烟穿越城市，将烟灰、煤渣散布到各个地方。整座城市都笼罩在煤

---

①（美）刘易斯·芒福德：《城市发展史——起源、演变和前景》，倪文彦，宋俊岭译，北京：中国建筑工业出版社，1989年，第312页。

②（英）克莱夫·庞廷：《绿色世界史：环境与伟大文明的衰弱》，王毅，张学广译，上海：上海人民出版社，2002年，第235页。

炭烟尘之下，这种情况在大城市尤其明显，反而在农村地区可以看到清晰的事物，呼吸到清新的空气。大城市的居民长期处于这种恶劣环境之下，对身体健康的影响可想而知。

综上所述，工业文明在给人类创造巨大的财富，提供更高效更便利的同时引起自然产生了一系列的反应。生态环境被严重破坏，导致土地荒漠化、水质污染、空气污染等，人类糟践自然的行为，使得自然反过来又报复我们，危及人类的生存。作为引领时代发展潮流的高智商物种，我们应该不断地提高技术水平，让工业生产在最大程度上减少对环境的影响。人们可以通过减少排放有害物质、有害气体，提高它们的降解率，达到减排的目的。另外，人们还可以通过制定成文的法律法规，让保护环境做到有法可依，有法可循。企业忌惮法律的效力，自然也能够将保护环境放在心中，成为环境保护组织的参与者。

但是从人类生存的现状来看，虽然实施了保护环境的举措，但是效果依旧不理想。从全球来看，世界各地的工业污染和土地污染依旧十分严重，城市的环境生态问题依旧突出。根据调查显示，目前墨西哥最大的城市——墨西哥城被二百五十万辆机动车和十三万家工厂排出的有害气体笼罩，人们呼吸这里的空气就相当于每天吸两包香烟。

无论是发达国家，还是发展中国家，保护生态环境，维持自然的动态平衡，是每一个国家都应当划入国家建设规划的重点项目。解决因人类过度活动带来的生态危机，是一个全球性的问题。

## 五、工业文明引发的生态危机

我们不可否认生态文明是人类史上的巨大进步，工业文明在最大程度上提高了社会的生产力，但是工业文明具有内在的缺陷，使得近几十年里，工业文明都面临着巨大的危机。工业文明的危机表现形式多种多样，归根到底它们都是生态危机。资源枯竭是人们滥用资源的结果；环境污染是人们肆意向环境中排放废物、废料、废气的结果；人口过剩是人口增长与可利用资源之间不适应的结果；能源短缺是人们过度开发利用矿物资源的结果。总之，人口、资源、环境的不平衡是现代工业文明危机的症结所在，工业文明必将走向衰落，取而代之的就是生态文明。

生态危机主要表现在以下几个方面：

第一，全球变暖。全球变暖指的是全球的气温呈现上升的趋势。在近一百多年的时间里，全球平均气温经历了冷—暖—冷—暖两次波动，从整体上看呈上升趋势。尤其是到了二十世纪八十年代，这种全球气温上升的趋势尤其明显。1981 年到 1990 年，全球平均气温比一百年前上升了 0.48 摄氏度，导致这一现象产生的主要原因在于人类大量使用矿物资源。例如：煤炭、石油等，使用这些矿物资源会产生大量的二氧化碳等温室气体。这些温室气体对于来自太阳辐射的短波具有高度的透过性，而对于地球反射出来的长波辐射具有高度的吸收性，由此引发了全球气温上升，也就是我们通常所说的"温室效应"。从自然的角度来看，全球变暖导致海平面上升、飓风灾害、极端气候增多等问题，对生态系统、物种分布和物种数量造成了严重威胁。由于气候的变化，很多生态系统正处于不断退化的状态中，功能也在不断地丧失。从社会的角度来看，全球变暖会导致经济增长速度变慢，温度升高和雨量的减少会导致 GDP 的损失高达 5%~15% 之多。

第二，臭氧层破坏。臭氧层破坏的问题从二十世纪七十年代开始就已经受到全球各国的普遍关注，从 1995 年起，每年的 9 月 16 日都被定为"国际保护臭氧层日"。大气层从近地面开始，从低到高分为五层，对流层、平流层、中间层、热层和散逸层。臭氧层位于平流层中，是平流层中臭氧浓度含量较高的气层，位于近地面 20~25 公里的高空中，吸收短波紫外线。可以说，臭氧层能够挡住太阳紫外线对于地球生物的辐射伤害，保护地球上的一切生命。然而，人类的生产活动排放出大量的氟氯烃类污染物和氟溴烃类化合物，这些是破坏臭氧层的元凶。我们在日常生活中经常使用的冰箱、空调等设备所用到的制冷剂中，含有氟氯烃化合物。这些氟氯烃化合物和氟溴烃化合物，受到紫外线照射后就会被激化，形成活性很强的原子，这些原子与臭氧层中的臭氧产生作用，变成氧分子。由此臭氧层中的臭氧被原子迅速地消耗掉，使得臭氧层遭到了严重破坏。例如南极的臭氧层被破坏就是一个典型的例子。南极上空的臭氧层是在二十亿年的时间中形成的，到了 1994 年，南极上空的臭氧层破坏面积已经达到了 2 400 万平方公里，短短一个世纪的时间就已经被破坏了百分之六十。科学家警告说，地球上空臭氧层破坏程度远比一般人想象的要严重得多。臭氧层的破坏还会对人类的身体健康造成威胁，导致人类身患皮肤癌、白内障等疾病。另外，臭氧层破坏还会对农业造成一定的威胁，造成农作物减产，从而影响粮食生产和食品供应。

第三，酸雨。酸雨也被称为酸性沉降，主要分为湿沉降和干沉降两类。湿沉降主要指的是所有气状污染物和粒状污染物，随着雨、雪、雾或雹等降水形式降落到地面。干沉降指的是在不下雨的日子，从天空中降下的落尘带有酸性物质。酸雨是由于空气中的二氧化硫和氮氧化物等酸性污染物引起的 pH 酸碱度小于 5.6 的酸性降水。酸雨是工业高度发展而出现的副产品，由于人类大量使用煤炭、石油、天然气等化石燃料，燃烧后产生的硫氧化物或氮氧化物，在大气中经过复杂的化学反应，形成硫酸活硝酸气溶胶，或为云、雨、雪、雾吸收，降到地面成为酸雨。如果酸性物质在形成时没有云雨，那酸性物质就会以重力沉降的形式降落到地面，就是干性沉降。

干性沉降不同于能得到雨水稀释的湿性沉降，它的酸性浓度远高于湿性沉降。从自然环境的角度来看，酸雨会对自然环境造成破坏。例如：处于丛林环绕的高山地区常常云雾缭绕，因此酸雨区的森林植被受伤害最严重，常常成片死亡。还有一些受酸雨迫害的地区，它们的植被、湖泊、土壤酸化，生态系统遭到了严重破坏。从人类社会的角度来看，受酸雨危害的地区，建筑材料、金属结构和文物均遭受腐蚀。酸雨最早出现于二十世纪五六十年代的欧洲地区，到了二十世纪七十年代，许多工业化国家为了缓解大气污染危害，主要采取增加烟囱高度的措施，虽然这一举措在一定程度上减轻了大气污染程度，但是造成了污染物的外排，污染物跨越国界到达邻国，造成了邻国酸雨程度的加深。从整体来看，全球使用矿物燃料的情况有增无减，这也就进一步扩大了酸雨危害的面积。

第四，水资源危机。地球表面是由三分之二的水和三分之一的陆地组成，虽然水占了地球面积的绝大多数，但是人类可利用的淡水资源却只有3%。在这3%的比例当中，又有2%的淡水资源封存于极地冰川之中，人类可利用的水资源只有1%。在这仅有的1%的可利用水资源中，又有22%用于工业用水，63%用于农业用水，只有剩下的15%才用于满足人类饮水和其他生活需求。人类生活在这样一个极度缺水的环境当中，但却不自知，依旧我行我素肆意浪费水资源，污染水资源。根据调查显示：地球上的热带和亚热带地区，特别是干旱和半干旱地区正在面临缺水危机。我国广大的北方和沿海地区同样面临着水资源严重不足的危机。全国六百多座城市中，有一半多的城市缺水，每年缺水量达58亿立方米，且集中于华北和沿海地区。众所周知，水是生命的源泉，我们每个人的生产生活都离不开水。然而随着人类活动的加剧和人口数量的激增，人与水资源之间的矛盾越来越突出，水资源越来越珍贵。一些河流湖泊出现枯竭现象，地下水耗尽，湿地消失，这一现象的持续发生不仅影响人类生存，还会威胁其他生物的生存，有可能造成物种的灭绝。另外，海洋资源也在工业文明的冲击下产生了一系列问题。人类将生产生活产生的垃圾排放到海洋中，这些没有进行有害物降解的垃圾，造成海洋污染。据统计，每年排入海洋中的液体和固体废弃物达 6.5 亿吨。船运的发展也造成了海洋的石油污染，每年这些石油污染物达 160 万吨，其中 110 万吨是游轮排放的压舱水和洗舱水，其余 50 万吨是在海面上发生事故遗留下来的废弃物。这些海洋污染物严重危害海洋生物的生存，现在巨头鲸的数量不到一万头，蓝鲸的数量更少。人类活动还导致海洋中氮、磷含量激增，藻类大量生长，破坏红树林、珊瑚礁、海草，使近海鱼虾数量锐减。

第五，森林毁灭和生物种类锐减。在人类还未从事农业活动时，地球上的森林面积大约有 61 亿公顷，陆地面积大约有 130 亿公顷，由此看来，森林面积占据了陆地面积的一半以上。但是到了今天，地球上仅有 28 亿公顷森林和 12 亿公顷稀松林，森林面积占据了地球陆地面积的五分之一。人类为了满足自己的生产生活需求，大肆破坏森林，种植水稻、土豆、香蕉等作物或是开垦土地修建牧场。1997 年，联合国粮农组织出版了《世界森林状况》一书，在该书中指出从二十世纪九十年代以来，世界森林消失的速度仍在加剧。与森林减少密切相关的还有生物种类的减少。据统计，现今地球上生存着大约五百万到三千万种生物，其中已定名的仅有一百四十万到一百七十万之间。生物数量的减少除了受"物竞天择，适者生存"的影响，更重要的是受到人类活动的影响。可以说，人类的活动加剧了生物的灭绝速度。世界资源研究所的一份《让选择继续下去》的研究报告表明：今天地球上的鸟类和哺乳类动物灭绝程度已经是自然状态下的一千倍，如果按照这种趋势进行下去，在以后的二十年内，平均每十年就会有大约 10% 的物种灭绝。

第六，资源能源短缺。资源能源短缺是全球普遍关注的问题。早在二十世纪五十年代，就曾爆发过石油危机，对世界经济造成了巨大影响，于是在全球范围内，人类开始关注能源危机。人们开始意识到如果不积极地寻求政策解决危机，那么能源就会在某一代出现枯竭。能源资源的储量不是无限的，容易开采的地方资源已经被开采得差不多了，而还未开采的地区开采难度大。人们为了解决能源短缺的危机，积极寻找新方法，利用新能源来供给人们的正常生产生活。现阶段，人类虽然找到了太阳能的利用方法，但是代价太高，并且这种方法不可能在短时间内迅速地广泛使用。从长期来看，世界能源供应依旧日趋紧张。

综上所述，自从十八世纪工业革命兴起以后，人们开始进入工业文明阶段，同时人类活动对生态环境的干扰也达到了前所未有的高度。生态破坏和污染问题日趋严峻，随着工业化的不断深入而加剧蔓延，最终在世界范围内形成了一个全球性的问题。因此，人类必须立即采取行动，采取强有力的措施遏制全球生态不断恶化的趋势，形成人与自然之间协调发展的良性循环，让自然永葆生命力。

# 第五节　工业文明到生态文明

## 一、人类生态意识的觉醒

### 1. 人类生态意识觉醒的过程

人类生态意识觉醒是一个历史发展过程，在二十世纪六十年代以前，在有限的书本资料中我们几乎找不到"环境保护"这个词，也就是说，在那时环境保护并不是一个存在于社会意识和科学讨论中的概念。在工业文明的社会背景下，人们常喊的口号就是"向大自然宣战""征服自然"，从这些口号中我们就可以看出，当时的人们认为人与自然是对立的关系，只有人的地位凌驾于自然之上，才能让自然更好地服务人类。因此，这些征服自然的口号决定了人类文明发展的方向和进程，人类当前的许多经济和社会发展计划都是以此作为基础而制定的。

然而工业文明所带来的负面影响，被一些有识之士提前意识到，与之同时出现的有环境伦理学。1923 年，施韦兹在其著作《文明的哲学：文化与伦理学》一书中提出了"敬畏生命"的伦理学，将人与动物一起纳入伦理的道德范畴。1933 年，美国的环境保护学家利奥波德提出了"大地伦理学"。"大地伦理学"的首要准则就是看人类做的这件事是否能够维护生命共同体的完善、稳定，强调要维护人与自然之间的和谐关系，利奥波德的这一理论开始初步唤醒人类生态文明的意识。1962 年，美国的女科学家蕾切尔·卡逊出版了《寂静的春天》一书，她运用食物链网的生态学原理，警告说人类可能将面临一个没有鸟、蜜蜂和蝴蝶的世界，向人们深刻揭示了人们所面临的生态环境问题。可以说，这部书拉开了生态学时代的序幕，使得生态观念开始真正地深入人心。1972 年，美国麻省理工学院丹尼斯·米都斯领导的四位科学家提交了一份研究报告《增长的极限》。这些年轻科学家受研究世界未来学的"罗马俱乐部"的委托，旨在研究全球系统的极限及其对人类数量和活动强制力、长期影响全球生态系统的主要支配因素以及它们之间的相互作用。这本书诞生于工业文明的全盛时期，对于当时的人类社会产生了不小的撼动。该报告还指出：工业革命时刻倡导"人类征服自然"的口号，导致人与自然之间的矛盾更加突出，人类不断地受到自然的报复，人类社会面临严重的困境。面对如此多的有识之士所提出的论点，人类开始认真反思自己与自然之间的真正关系，两者在何种关系中互惠互利共同发展呢？

面对日益严峻的环境问题，二十世纪六十年代后，西方发达国家掀起了反对环境污染的"生态保护运动"，成千上万的公众走到街头游行示威，要求政府必须采取有力的措施治理和控制环境污染。处于不同领域的科学家也纷纷参与到此次行动中，对各类新型的工业技术手段与环境污染之间的关系展开了激烈的讨论。各大媒体也对此次事件进行跟踪报道，宣传世界各地爆发的环境问题和公害事件，可以说此次环境保护运动的规模、公众参与程度和政府干预的力度都是空前绝后的。虽然人们在观念上得到了改变，但是实际上却没能解决在全国各地爆发的现实危机。美国三里岛核电站泄漏、苏联切尔诺贝利核电站泄漏都是世界公认的环境污染事件，这些生态灾难，引发了更多人的思考，带动更多人积极投身于环境保护运动。1992 年，来自于世界各国的 1 575 名科学家共同签署了《世界科学家警告人类声明书》，该项声明指出：人类与自然处于相互冲突当中，人类活动对生态环境造成严重的、不可逆的威胁。如果人类放任这种行为，不加以遏制，就会使得我们所居住的地球处于危险的境地当中，影响人类和其他所有生物的生存。

因此，在当今工业文明主宰的世界，我们必须转变观念，避免人与自然矛盾问题的激化，实现地球生物、植物的可持续发展。

2. 人类生态文明意识觉醒的主要内容

1972 年 6 月，在斯德哥尔摩召开的第一次世界人类环境大会通过了《人类环境宣言》，呼吁各国政府为了人类后代的共同幸福，共同保护人类生存环境，为人类更好发展而努力。《人类环境宣言》提出了七大共同观点和二十六项共同原则。这七大共同观点是：一是由于科学技术的迅速发展，人类能在空前规模上改造和利用环境。人类环境的两个方面，即天然和人为的两个方面，对于人类的幸福和享受基本人权，甚至生存权利本身，都是必不可少的；二是保护和改善人类环境是关系到全人类幸福和经济发展的重要问题，也是全人类的迫切希望和各国政府的责任；三是在现代，人类明智地改造环境，可以提高全人类的生活质量，带来利益，相反如果人类使用不当，就会对人类和环境造成不可估量的危害；四是在发展中国家，环境问题大半是由于发展不足造成的，因此要致力于发展工作；五是人类自然增长产生一系列问题，但是可以采取相应的措施解决问题；六是我们在致力于环境保护问题的同时，要谨慎考虑经济发展对生态环境造成的后果，将保护和改善人类环境当作人类的一个紧迫目标；七是为实现这一环境目标，要求人民和团体以及企业和各级机关承担责任，大家平等参与，共同努力。各级政府之间应承担最大责任，国与国之间广泛合作，寻求共同利益。在这些观念的基础上，二十六项原则包括：人的环境权利和保护环境的义务，保护和合理利用各项自然资源，防止污染，促进经济和社会发展，使发展同保护和改善环境协调一致，筹措资金，援助发展中国家，对发展和保护环境进行计划和规划，实行适当的人口政策，发展环境科学、技术和教育，加强国与国质检的环境保护合作，等等。人类对于生态环境问题的思考和反思内容十分广泛，主要有以下几个方面：

第一，建立新的思维框架，协调人与自然的关系。从人类文明的发展过程来看，每一个文明的发展都必须思考人与自然的关系问题，这对于人类朝着更好的方向发展具有重要意义。人与自然的关系主要有两种存在形态：一是人与自然对立冲突；二是人与自然和谐统一。在人与自然对立冲突的关系中，最具有代表性的文明就是工业文明，当时的人们沉浸于物质享乐中，追求物质的财富，导致人与自然之间矛盾冲突不断。人与自然和谐统一是生态文明最显著的标志，是对人与自然存在状态的基本度量。可以说，人与自然之间的对立冲突是人类文明不断前进发展的动力，人与自然之间的和谐统一是人类文明发展程度的标志，也是推动并规范人类发展方向的力量。由此可见，在任何社会形态之下，人与自然的关系问题是人类必须思考并解决的问题。从长远来看，人与自然关系的和谐统一可以对人与自然的冲突问题进行协调，也可以保持人对自然作用与自然对人作用的适度张力。总之，生态文明的出现是在工业文明形态下，人与自然关系冲突不断需要修正的情况下出现的。将人与自然的关系作为生态文明建设的主线，时刻关注人与自然关系的动态发展，可以有效地协调人与自然之间的冲突。

第二，人类加速扩张的物质欲望，对生态环境造成了巨大的压力，从而在全球范围内都开始出现生态环境恶化的现象，例如：森林被乱砍滥伐、土地荒漠化、外来物种入侵、水资源污染、大气污染、土壤酸化等一系列的问题产生。人类的生活和生产活动在全球范围内改变了生态环境的结构面貌，打乱了生态平衡，造成生态系统的失衡。然而人类在这种破坏中，虽然收获了一点点物质上的甜头，但是却受到了大自然更加严重的打击报复和惩罚，危及人类的生存。生态危机最早出现在工业革命发展最早的国家，发达国家的人已经深深感受到自然的报复，死了很多的人，所以他们的生态意识觉醒得最早，懂得采取一系列措施保护生态环境。现今破坏生态环境的情况经常出现在一些不发达的地区，落后的思想观念加之落后的生产技术，让当地人通过发展重污染工业来获取利润，这种行为产生的后果是人类花几倍的代价都无法弥补对自然的损害。目前，在大多数国家仍然采用"先污染、后治理"的方法，这种末端治理的思路不能从根本上解决问题，依旧对生态环境造成不可逆的危害。现实教给人类一个简单而深刻的认识，即人类在享受工业文明带来的丰硕果实的时候，不要忘记保护生态环境。

第三，人与自然关系的反思。在农业文明时代，人类对生态环境的影响还不是很大，人与自然的关系处于相对缓和的状态。然而到了工业文明时期，人类运用科技手段控制自然并改造自然，让自然与人的关系产生根本性的变化，自然屈服于人类，受到人类摆布，这种影响产生的结果就是自然开始朝着畸形的方向发展，人类在对自然的影响和作用下物欲极度膨胀。首先，从自然对人的影响和作用来看，以往自然被人类蒙上了神秘的面纱，人类认为自然拥有神秘的力量，可以用它的神威统治人类。随着人类对自然认识的加深，自然的那层朦胧面纱被揭开，自然失去了以往的神秘和威力，人类也就无须再借助自然的神力来维系自己的统治。其次，从人对自然的影响来看，人类对自然的认识停留在以机械自然观为指导的理论层面上。机械自然观指的是人们认为自然界像一个机械时钟那样按照一定的规律运转，人类可以通过像熟知机械时钟每一个零件那样熟知自然的规律，通过掌握自然的规律来预测自然的下一步行动。于是人类在机械自然观的指导下，产生了以人类征服自然为核心的人类中心主义思想，将自然的地位降于人类之下，认为自然是可供人类随意支配的事物。这时候的人们将自我的需求作为衡量事物价值的标准，只要是这个事物能够满足人类的需求，对自身发展有益，那人类就会对此格外青睐。人们改变了原本人类依赖自然的观点，转而变成自然是人类活动的对象，自然是一个供人类消费享用的、取之不尽用之不竭的资源库。工业文明时代的人们借助科学技术在自然面前为所欲为，利用并剥削自然资源，肆无忌惮地消费着自然。在工业文明状态的支配下，人与自然的关系越加畸形，引发了人与自然之间的关系产生严重的危机。实质上，我们应该认识到人与自然之间的关系应该是不冲突的，是可以平等共存、互相促进、和睦相处的。人与自然之间是平等的关系，人类不应凌驾于自然之上。因为人也是自然的一部分，是自然界的存在物。人类想要维持并发展自身，不可能离开自然这个源泉。然而自然资源又是有限的，不可能满足人类无节制的欲望，让人类肆意开采自然。这时候就需要一种正确的观点来指导人类的行动，让人类养成与自然和谐共处的意识，这就是生态文明出现的契机。

第四，科学技术与自然关系的反思。工业文明的快速发展将人类领向了科技革命的新纪元，以信息科学为先导，生物科学、材料科学、海洋科学等为主要内容的科技革命，推动了人类社会的前进。科学技术的飞速发展不是一劳永逸的，它是一把双刃剑，对人类社会既有利，也有弊。一方面，科学技术的进步可以为人类创造巨大的财富，丰富人们的生活；另一方面，过度的人类活动对生态环境造成了巨大压力，引发了一系列的社会问题、伦理问题、环境问题等。当今人们想要实现可持续性的发展，就要从保护自然的角度出发，开展生态环保绿色科技，逐渐改善生态环境，积极促进人类从工业文明迈向生态文明。

第五，工业文明需总结的经济学原因。工业文明奉行新古典经济学的企业利润最大化原则，并将自然资源和生态环境排除在外，不考虑将其作为社会经济发展的因素。像海洋生物资源、水资源这一类公共物品，没有明确的归属性，生产者为了追求利益的最大化，会对这些资源进行无节制地掠夺，这些资源无法休养生息，无法完成自身的再循环。因市场失灵，市场机制自身没法提供制度规范，就会出现使用上的盲目竞争，从而导致生态环境外部负效应的产生。比如：化工厂的目的就是为了赚钱，而为了赚钱的最直接方法就是降低成本。化工厂排出的废物不经过处理就直接排出去，达到降低成本及增加收入的目的。企业这种恶性的排污方式不仅会对生态环境造成危害，还会影响周围居民的身体健康。当这种事情发生的时候，社会就需要出面来解决这一问题，社会处理也需要资金的支持运作，就会增加社会负担，甚至会使社会成本高于企业利润，造成社会净利润的负值。

工业文明奉行的主要发展方式是线性经济，即"资源——产品——废物"，这种线性经济的主要特征是高开采、低成本、高排放。随着人类生活水平的提高和人们物质生活需要的增加，企业需要扩大开发的规模，创造更多的自然资源。然而这种盲目扩大的生产方式，将大量的废弃物排入生态圈中，通过把资源持续不断地变成废物来实现经济的可持续性增长。当时的人们不知道这些废物也可以通过加工利用变成可利用的资源，实现资源的循环利用。工业文明时期的这种盲目追求收益最大化而忽视社会成本的不合理的线性经济，引发了人类生存环境的持续恶化，最终导致工业文明向生态文明转型升级。

## 二、工业文明向生态文明转变是历史发展的必然选择

人类文明经历了原始文明、农业文明和工业文明，人类与自然的关系

也经历了人消极地适应自然、人积极地适应自然，再到人改造自然的阶段。目前人类正在经历由工业文明向生态文明过渡的时期，以人与自然和谐相处为特征的生态文明是社会发展的必然趋势。

## 1. 生态文明是社会发展的必然结果

学术界认为，从文明发展的趋势形态来看，生态文明是继农业文明、工业文明之后的一种新的文明形态。从文明的构成成分上看，可以将生态文明理解为与物质文明、精神文明和政治文明并列的一种新的文明。从人类历史发展演变的历程上看，每一次人类文明转变都是因为人与自然之间产生尖锐的矛盾，迫使人类选择新的生产方式和生存方法，目的是为了让人类这个种族得以繁衍和发展。每一次人类文明的转型都可以在短期内缓解人与自然之间的矛盾，但是从长远来看，人与自然的矛盾还会以各种形式出现，这就需要人类文明再一次选择。生态文明是人类文明史螺旋上升过程中的一个新阶段，是对工业文明生产方式的否定，是对农业文明和工业文明的"取其精华，去其糟粕"，同时伴随着超越。

生态文明是在农业文明和工业文明的基础上发展而成的，是对这两种文明的超越和继承。农业文明和工业文明通过改造自然和利用自然，以期从自然中获得更多的利益，只不过农业文明侧重于通过种植业增加经济效益，而工业文明侧重于通过大机器生产提高生产效率，增加经济收入。生态文明与农业文明和工业文明在本质上是一样的，都主张在改造利用自然的过程中，发展生产力，提高人们的物质生活水平，但是生态文明更注重经济效益、生态效益和社会效益三者的有机统一，在改造利用自然的过程中，注意保护生态环境。生态文明与农业文明和工业文明的不同之处在于：生态文明是在现代生态学的基础上应对人与自然产生的矛盾，具有一定的理论基础；生态文明致力于生态系统的循环过程，通过改变生产方式来建设人与自然和谐共生的机制。生态文明建立在这样一个辩证发展、整体的生态科学发展观的基础上，在改造自然的过程中发展生产力，不断提高人的物质生活水平。但是生产活动开展的前提是要在尊重和维护生态环境的情况下，以可持续发展为主旨，努力建造可供人类和自然可持续发展的模式。这种发展不仅是经济和社会的发展，同时也是生态环境的发展。

总之，生态文明是人类文明发展史上的一个阶段，是继工业文明之后的又一次历史性转变。生态文明是对工业文明的扬弃与发展，构建了人与自然和谐共生的发展模式。根据时代的需求和社会历史发展的趋势，为了缓解人与自然之间突出的矛盾，从原始文明到农业文明，从农业文明到工业文明，从工业文明到生态文明，这是人类社会发展的必然趋势。

2. 生态文明是解决工业文明危机的必由之路

工业文明时期是以人类中心主义作为主导思想，认为人与自然是各自独立的个体，是分离的，并且人的地位高于自然，是自然的主宰者。大自然只是为了满足人类需要的工具，将满足人们日益增长的物质需求作为生产力发展的唯一目标。在这种观念的驱使下，社会普遍认同利益至上的观点，人类无节制地开采自然，对自然资源和环境造成不可逆的伤害。然而在人与自然对立的关系中，人类也不是一直获益的一方，自然也会用它自己独特的方式报复人类。于是，在全球范围内出现了生态环境危机，例如：土地荒漠化、土壤酸化、淡水匮乏等生态危机。就是在这样一个背景下，人类意识到传统的工业文明发展模式难以维系日后生活，现阶段这种只注重经济效益，而不顾生态可持续性发展的理念，是一种片面的、不科学的发展方式。目前，全球性的生态危机已经摆在了全人类面前，生态危机已经不是个别国与国的危机，而是世界各个国家的共同危机，是全人类共同面临的危机。为了缓解这一现状，现阶段唯一的办法就是加快生态文明建设，控制污染，合理利用资源，维护生态平衡，为人类的生存与发展提供良好的环境。

总之，生态文明是对工业文明的深刻反思，作为一个全新的文明形态，它要求人要在尊重保护自然的前提下，积极改善人与自然的关系，使人与自然处于一个和谐共生的统一体中，维护生态系统的稳定，保护物种的多样性，实现人与自然的双赢协调发展。

### 3. 生态文明是实现社会可持续发展的必然要求

可持续发展要求将人类的行为活动限制在生态允许的范围内，在自然可承受的能力范围内进行人类经济活动，其目的是为了维护生态的平衡发展。这种生态的平衡发展只有在生态文明建设中才能够实现，因此，建设生态文明是实现可持续发展的基本前提。

首先，建设生态文明是实施可持续发展的基本前提。生态文明是一个追求人类与环境协调统一的新型文明，其实质就是实现人与自然的和谐共生，要求人们要在合理利用开发自然的基础上发展经济。而可持续发展是要在满足人们日益增长的物质需求的基础上，又不超出自然的再生能力和承载能力，实现自然资源的持续循环利用，为后代子孙的发展提供充足的发展条件和空间。因此，可以说建设生态文明是实施可持续发展的基本前提。

其次，建设生态文明为可持续发展提供精神动力。生态文明不同于以往以人类中心主义为核心的工业文明，它是一种以生态中心主义为核心的新型文明。它将自然的地位抬高，与人类平起平坐，强调人类要尊重并保护自然。这就纠正了工业文明时期把人看作是统治者的错误观点，深化了人们对自然的认识，把人类的道德关怀拓展到所有的自然物中，提升了人类的精神境界。生态文明主张人与自然共生共荣，人与自然万物平等，都是生态系统中不可或缺的一部分。在这种平等、整体的观念引导下，可以为可持续发展提供一种全新的思维方式，有利于真正地实现人与自然的和谐统一。因为人类将这种观念深入人心，认同了自然的平等地位，激发了人类对自然的亲近感，从内心深处认识到资源的来之不易，从而养成尊重和保护自然的习惯。

　　总之，生态文明和工业文明是两种不同的文明形态，两者既有共同之处，又有不同之处。但是从本质上来说，生态文明是在工业文明的基础上的超越，两者有着千丝万缕的关系。因此，建设生态文明，并不是要我们放弃工业文明，而是要转变发展的观念模式，要在自然的承载能力范围内，开展人类活动。尊重自然、保护自然、顺应自然是实现人与自然和谐共生的重要前提。建设好生态文明离不开工业文明所创造的物质财富，因此，我们要在反思和扬弃的基础上建设生态文明，推动人与自然和谐共处的进程。

★第二章　生态文明建设概述

# 第一节　生态文明的内涵

## 一、生态文明内涵的不同释义

### 1. 基本立场——人本位还是自然本位

科学理解生态文明的内涵，决定着对其本质、地位和意义的正确认识。当前基于基本立场方面，有人本位和自然本位两个立场。

人本位主要强调人的主导性，认为自然是为人类服务，并为人所用，主张在促进社会全面化发展的基础上，实现人与自然的和谐共生。国家环保总局局长周生贤明确提出：生态文明强调人的自觉和自律，主张发挥人的主观能动性，破坏自然就是损害人类自己，保护自然就是保护人类自己，改善自然就是发展人类自己。

自然本位主要强调自然是一个有生命的个体，人类要在保护自然生态的前提下，实现人与自然的和谐共生。马克思曾经说过："自然界是人为了不致死亡而必须与之不断交往的人的身体。"另外还有学者指出，只有对自然注入生命，我们才能够在尊重自然、保护自然的基础上，谨慎地利用、改造自然。

### 2. 人类文明和生态文明的关系——脱胎还是延续

人类文明发展史是一个人类生产力不断进化发展的历史，同时也是人类生态伦理观不断发展的历史。我们应该正视原始文明、农业文明、工业文明和生态文明之间的相互联系，追根溯源揭示生态文明的内涵特征。

有一种观点认为生态文明完全诞生于现代工业文明，与原始文明和农业文明之间没有联系，着重比较的是生态文明与工业文明之间的相同与不同之处。俞可平曾经指出："生态文明是一种后现代的后工业文明。是人类迄今为止最高的文明形态，是人类文明在全球化和信息化条件下的转型和升华。"①

另外还有一种观点认为，生态文明始终贯穿于人类文明史的各个阶段，立足于人类生存繁衍、行为实践的大背景下。在原始文明时期，人与自然的关系是一种纯粹的关系，自然对人类来说是一个神圣、崇高、不可亵渎之物，人类对自然产生的影响微乎其微；农业文明时期，人类从以往被动地适应自然转变为主动地适应自然，人类开始圈地，开始种植农作物和饲养家禽，开始定居式生活；到了工业文明时代，人们的能动性相比于前面两个时期更强，人们运用科学技术大力开采利用自然，获得了巨大的物质财富，然而这种特立独行的行为方式也会给人类和其他生物带来灾难，引发生态危机。这时候人们为了解决生存危机，批判和反思人类中心主义思想，找寻办法解决问题，于是以生态中心主义为核心的生态文明开始诞生。

## 二、生态文明的含义

生态文明可以从广义和狭义上理解。狭义上的生态文明指的是以人与自然和谐统一作为核心，在尊重自然和遵循自然规律的基础上，合理地开发利用自然资源，保护治理生态环境。广义上的生态文明指的是人类积极改善与自然的关系，建立可持续生存和发展的物质、精神、制度方面活动的总和。从生态文明的属性、本质和关系上来看，生态文明可以定义为一

---

① 俞可平：《科学发展观与生态文明》，《马克思主义与现实》，2005 年第 4 期。

种人进行生态化生产方式的活动，并遵循可持续发展的原则，在尊重保护自然的基础上，在为后代子孙繁衍生息考虑的基础上，实现人与自然的繁荣共生。

在长达三百多年的工业文明中，人类肆意践踏开垦自然资源，以牺牲自然资源作为代价，填满人类日益增长的物质需求，这种行为方式也让生态环境受到了破坏。目前，在全球各地都出现了各种各样的生态环境问题，在各国都曾爆发过严重的生态危机。这些问题的产生为我们时刻敲响了警钟，让我们在发展工业的时候，要注意环境的承载能力，延续人类种族的繁衍。工业文明虽然为我们带来了巨大的物质财富，但是却为人们的生存带来了威胁。人们迫切需要一种新形式的文明来指导人类的生活，于是以生态主义为核心的生态文明诞生。

1. 人与自然和谐统一

如前所述，狭义上的生态文明含义的核心指的是人与自然和谐统一，要求人类与自然友好和谐相处的过程中，保持人类的不断进步。中共中央党校马克思主义学院教授李宏伟曾说道："人们在利用和改造自然界的过程中，以高度发展的生产力作为物质基础，以遵循人与自然和谐发展规律为核心理念，以积极改善和优化人与自然关系为根本途径，实现人与自然的和谐发展的目标。"①

2. 自然——人——社会和谐发展

生态文明的参与者不仅有人和自然两部分，还有社会的参与。人类在进行物质生活生产时充分发挥人们的主观能动性，开发利用自然资源，按照自然——人——社会这样一个复杂的运行机制，建立人与人、人与社会、

---

① 李宏伟：《生态文明建设的科学内涵与当代中国生态文明建设》，《求知》，2011年第 12 期。

人与自然之间协调有序的发展，实现生态文明的繁荣并茂。这种广义的内涵之下，生态文明不单单是节约资源和保护环境的问题，而是将生态文明融入经济、政治、文化等社会因素中，让生态文明贯穿于人类历史发展的始终。

综上所述，我们不得不承认工业文明为我们创造的价值，同时我们也要承认它威胁着人类的生存。工业文明将人类带入了一个全新的领域，人类不再依附于自然，不是自然的奴隶，而是可以借助人类的智慧，运用科学技术利用发展自然的人才。工业文明是一把双刃剑，它在一定程度上为我们创造了物质上的财富，但是又威胁着我们赖以生存的生态环境，生态文明的出现恰好是我们人类对于工业文明的反思。生态文明不仅在广义上要求人与自然的关系是和谐统一的，还从精神的层面将人、自然、社会连接成一个密不可分的整体，从而利于三者的协调统一发展。

# 第二节　生态文明建设的内涵

## 一、生态文明建设的含义

生态文明建设就是在生态文明观的指导下进行的社会实践活动，这是一种对人与人、人与自然、人与社会关系进行完善和优化的实践活动。生态文明建设活动要求人类拥有高度的自觉性，在运用科学理论的基础上进行实践活动。我国的生态文明建设立足于中国特色社会主义思想，是中国特色社会主义事业的一项伟大工程，同时也是一项艰巨、复杂、庞大的工程，需要我们在建设中不断地摸索完善。

我国的生态文明建设是与经济、政治、文化建设紧密相连的，不仅要求环境保护治理，节约资源，还要求将生态文明的理念深入人心，改变人们不良的生活习惯和行为方式。在经济建设方面，人们应秉持可持续发展的理念；在生产生活中，要节约资源，保护环境，发展绿色经济，最重要的是要在生产的过程中保护生态环境，倡导资源的循环利用，清洁生产，大力发展可再生资源；在政治建设方面，生态文明建设要求我们提高对生态的关注度，加强对环境的立法保护，完善有关的法律法规；在文化建设方面，生态文明建设要求将生态文明的理念深入人们的心中，养成保护环境的意识。在这一过程中，还要加强生态道德的建设，从道德的角度来约束人们的行为，将生态与道德紧密联系在一起。

综上所述，生态文明建设的实质就是把可持续发展的理念提升到绿色发展的全新高度，让人类的后代子孙在这种理念环境中成长，为以后生存留下绵延不绝的自然资源，实现种族的延续和发展。

## 二、生态文明建设的基本原则

生态文明建设是将人与自然的和谐发展作为行动准则，将尊重保护自然作为宗旨，强调从人类利益和生态利益出发，创建一种有序健康的生态机制。生态文明建设的目的是为了保障全球走出生态文明的危机困境，解决严峻的资源、气候和环境问题，保持生态系统平衡，协调人、自然和社会的关系，促进生态环境朝着良好的方向发展，因此，生态文明建设应遵循生态公平原则、生态效率原则、生态和谐原则。

### 1. 生态公平原则

生态公平原则。生态公平指的是每一个公民都应该拥有同等的生态权利，承担保护生态环境的义务。所谓生态权利指的是每一位公民都有权利选择在不受污染的健康环境中生活。所谓生态义务指的是每一位公民在享受权利的同时，都应该承担保护和改善环境的义务。由此可以说，生态公平应该包括以下三个方面：

第一，代内平等。所谓代内平等指的是在现实生活中的同代人，不论国籍、性别、种族、文化等方面的不同，在利用自然资源满足自身需求的同时，应该在保护生态环境方面承担同等的责任。它要求处于同一代的人们不应该互相损害对方的利益：在国家范围内，地区应该服从国家；在国际范围内，国家应该服从全球人民的利益。总之，要采用少数服从多数，小集团利益服从大集团利益的原则。任何国家和地区，都不能以损害其他国家或者地区的发展为代价。

第二，代际平等。所谓代际平等，它面向的对象是当代人和后代人，两者都能够共同享用自然资源，获得居住的权利。通俗来讲，作为当代人，在进行生产活动的时候，合理运用利用资源的权利，要注意资源的可循环利用性，不能侵占后代人享有的权利，或者将过度滥用资源的代价转嫁给后代人。"国际自然资源保护同盟起草的《世界自然保护大纲》和《世界自然宪章》均表达了这一思想，文章指出，代际的幸福是当代人的社会责任，当代人应该限制不可再生资源的消耗，并把这种消费水平维持在仅仅满足社会的基本需要。代际平等强调了当代人在发展的同时，应当努力使后代人享受同等的发展机会，不能以损害子孙后代的发展为代价。"[①]

第三，人与自然平等。在工业文明时期，人类以自然的主宰者自居，让自己的地位凌驾于自然之上，肆意开采挖掘自然的宝贵资源，长此以往，造成自然资源的匮乏和生态环境的污染。人与自然平等观念的产生是人类反思工业革命的惨痛教训，得出的适宜人类和自然可持续发展的理论。人与自然平等要求我们要有意识地控制自己的行为，在进行生产活动的时候，合理利用改造自然，充分考虑自然的承载能力，与自然平等和谐相处，从而保证生态系统的稳定发展。

### 2. 生态效率原则

1990 年，德国学者肖特嘉首次提出生态效率原则，该原则指的是生态资源满足人类需求的效率，它从全社会、从宏观上、从长远看我们从事经济活动带来的经济产出与付出的生态环境代价、生态环境变化带来的自然灾害代价相比是否合算，它是产出与投入的比值。其中"产出"是指一个企业、行业或者整个经济体提供的产品与服务的价值，"投入"是指企业、

---

① 转引自霍昭妃：《中国生态文明建设途径现实选择》，沈阳工业大学硕士论文，2012 年 1 月，第 10 页。

行业或者经济体造成的环境的压力。[①]生产效率是一种以少创多的能力,其目的是为了缓和自然与人类的矛盾,将人类活动范围控制在自然可承受范围内,以此来减轻人类对于环境的不利影响。生产效率原则的根本目标是用更少资源生产更多产品,同时在生产过程中排放的废物量可以达到最低,以此来减轻废弃物对环境的危害。

### 3. 生态和谐原则

生态和谐原则要求人与自然的关系应处于和谐统一中,人类在进行生产活动时,要考虑生态环境的承载能力,保证人类和自然资源的可持续发展,实现人与自然和谐共生的局面。

《世界自然宪章》中宣告:"生命的每种形式都是独特的,不管它对人类的价值如何,都应当受到尊重,为了给予其他有机物这样的承认,人类必须受行为道德准则的约束。"因此,人类要学会尊重并保护自然,在科学理论的基础上,运用合理的方式开采自然,保持人与自然关系的和谐统一。在这种原则的指导下,自然可以获得长足的发展和再生,人类可以获得自然资源满足自己的物质需求,同时人类自身也可以得到健康的发展。

## 三、生态文明建设的特征

### 1. 自律性和他律性

自律指的是主体按照一定的法律法规、政策法规、道德规范等,自觉地对自身进行一种内在的道德性约束。他律指的是主体在外部条件的制约下,遵守道德的基本规范和原则。自律性和他律性是一种生态与道德相结合的特征,是一种道德性的规范,因此人们在进行生态文明建设的过程中,

---

① 转引自霍昭妃:《中国生态文明建设途径现实选择》,沈阳工业大学硕士论文,2012年1月,第13页。

不能将自律性和他律性分离，而是要将两者紧密结合，这样才能够保证生态文明建设的有效实施。

在人与自然的关系当中，人作为能动性的一方，在调节关系方面起到了主动作用。人类的意愿和想法决定了人类接下来将用何种行动对待自然，而人类能否运用生态文明的方式与人类相处，这才是建设生态文明的关键所在。生态文明注重人与自然环境相互促进、相互依存和共处共荣，它所强调的是人的自律性与他律性。

2. 循环性和持续性

自然界是一个开放性和循环性并存的系统，是生态系统的客观存在方式。为了满足人们日益增长的物质需求，人类需要大量开采自然资源，然而这种开采方式必然是在以生态中心主义为中心的生态理念的指导下进行。人类在进行生产生活活动时，要注意开采可再生资源，对自然资源进行高度的循环利用，建立一种可循环发展的经济模式。另外，循环性也指事物之间的联系性，具有共生共存的特性，这就要求我们在处理人与自然关系的时候，要注意把握输入与输出、交换与循环的规律，保护自然资源可以循环利用起来，保证自然界的持续稳定发展。

可持续性指的是一种可以长期执行和长期维持的过程。生态文明的可持续性要求人们要尊重和保护自然，遵循自然发展的规律，合理平均分配社会、经济报酬和机会，从而实现人和自然的可持续性发展。人类社会的可持续性是由经济可持续性、社会可持续性和生态可持续性组成，三者相互联系、互为表里，构成一个有机整体。《里约环境与发展宣言》中提出："为了可持续发展，环境保护应是发展进程中的一个整体部分，不能脱离这一进程来考虑。"在传统的工业文明时期，人们在"人类中心主义"观念的驱使下，采用高产出、高消耗的经济发展模式，加快了资源的枯竭和生态环境的恶化。

因此，人类迫切需要寻找到一种可循环发展的方式，缓和人与自然之间的矛盾，维持人与自然之间的协调发展，从而使人类社会实现可持续发展。

### 3.公平性和文化性

进行生态文明建设的时候，要注意生态文明具有公平性的特点。所谓公平性指的是当代人之间、当代人与后代人之间、人与自然之间的公平。任何人都拥有享受自然资源的权利，当代人之间可以平等地享用自然资源，当代人要注意在享用自然资源的同时，保证资源的可循环利用，让子孙后代也能够享受自然资源带来的好处，不能剥夺他人生存的权利。另外，人在享受自然的时候，要时刻注意与自然的关系，要在一定意义上真正地实现社会的公平和公正，尊重自然，顺应自然，达到人与自然的和谐共生。

生态文明建设还需要注意文化性，这其中包含了生态环境创造的所有方法、思想和行为意识，可以将其称为文化活动。生态文明建设的首要任务就是培养人们的生态文明意识，建立一个保护环境，维持生态平衡的文化体系，在全球范围内形成一种良好的生态氛围，即保护自然、爱护自然、尊重自然，宣扬人与自然和谐共生的价值理念，指导人类进行科学、合理、有度的生态活动。

# 第三节　生态文明的理论基础与文化渊源

何谓文化？社会各界众说纷纭，对这个问题没有确切的答案。根据美国文化学家克罗伯和克拉克洪于 1952 年出版的《文化：概念和定义的批评考察》的统计来看，世界各国学者对于文化的定义有二百多种。从词源来说，西语中的"文化"一词来源于拉丁文 culture，原意为耕作、培养、发展、教育。现代意义上的"文化"指的是知识、艺术、法律、习惯等，是每一位社会成员必须获得的能力。

中国的传统文化经历了"中华文化的多元发生"的原始时代、"从神尊到人本"的殷商西周时代、"百家争鸣"的春秋战国时期、"大一统"的秦汉时代、"乱世中的文化多元走向"的魏晋南北朝时期、"鼎盛之世"的隋唐时代、"市井文化勃兴"的两宋时代、"沉慕与开新"的明代、"烂熟与式微"的清代、"蜕变与新生"的近代。在中国近千年的文化发展历程当中，春秋战国时代无疑是一个最重要的时代，因为这一时代注重对认识对象的直观把握，重视伦理道德和个人修养，是一个"和而不同、思想争鸣"的关键时代。在这一时期诞生了著名的哲学家、思想家——孔子、庄子、老子等人物，他们从各个方面表达了各自的理性诉求，其表现出来的思想学术成就流传百世。

## 一、中国传统生态文化的阐释

### 1. 儒家的"天人合一"

以孔子为代表的儒家学派，重视人伦和现世，追求道德的完善和实用理性，反映了人们追求安定生活的社会心理。在孔子之后，儒家学派又分为八个学派，对后世有重要影响的是孟子一派。有"亚圣"之称的孟子进一步发展了孔子的仁爱思想。而荀子意识到法治手段的必要性。汉武帝时期，董仲舒推崇"罢黜百家，独尊儒术"加强君权思想统治。到了宋明时代，宋明理学融合了儒释道的理论精髓，将人的自我完善放在首要位置，强调"存天理，灭人欲"。由此可见，儒家文化在我国传统文化中占有重要地位，并且在转换过程中凸显出日益重要的思想意义和文化价值。

儒家的"天人合一"思想源远流长。孔子曾说："天地之大德曰生""与天地合其明，与四时合其序，与鬼神合其吉凶，先天而天弗违，后天而奉天时，天且弗违，后天而奉天时，天且弗违，而况于人乎"的天命论，从天道和人道的整体和谐来考察人行为的合理性，主张用伦理的态度来对待自然。另外，在儒家经典著作《易经》中也有"天人合一"的观念，例如认为自然法则与人事规律有一致性，将自然事物的属性与人格品德联系。首次提出"天人合一"的思想的人物是张载，他说："儒者则因明而致诚，因诚致明，故天人合一，致学而可以成圣。得天而未始遗人，《易经》所谓不遗、不流、不过者也。"虽然孔子本人没有明确提出"天人合一"的思想，但是经过史料的佐证，在他的思想中明确表现了"天人合一"。

（1）"仁爱万物"

孔子提出了"仁爱万物"的主张，要求人们将"仁"和"爱万物"由人的身上推广到其他生物身上，以此来协调人与自然的关系。人不仅要爱惜自己的生命，善待同类，而且还要善待大自然，将人与人之间的道德准则的范围扩大，将自然万物涵盖到这一范围中，使人与自然和谐相处。在儒家学者看来，"仁"意味着一种和谐共存、与人或物为善的高尚品德，推己及人，仁者爱人，关爱同类的时候，亦要关爱自然万物，将人类的爱扩展到对大自然的珍惜与尊重中。如此，人类的主体道德就拥有了保护自然环境的功能。另外，"孝"这一重要的伦理范畴也被儒家用于人与自然万物的关系中。曾子曾经引述孔子的话说："树木以时伐焉，禽兽以时杀焉。夫子曰：'断一木，杀一兽，不以其时，非孝也'。"由此可见，儒家认为不按照规定的时间砍伐树木和捕猎兽类，是一种不孝的行为，应该禁止这种行为。儒家在此充分表现出伦理意识，注重遵循自然的规律，考虑自然的可承受能力，合理开采自然资源，体现了儒家保护自然的意识和道德的自律性。

（2）"万物一体"

儒家文化强调人是大自然的组成部分，人与大自然处于同等地位，两者是平等的存在。儒家所谓的"万物一体"的观念是一种整体性观念，人与自然万物是统一的、不可分割的整体。孔子曰："天何言哉！四时行焉，百物生焉，天何言哉！"此处的天指的就是大自然，"四时行焉，百物生焉"是一种自然的基本功能，它赋予了万物生命，并且创造万物，养育万物。可以说，人也是被天养育的万物中的一类，与其他自然万物平起平坐，人与自然是一个统一的不可分割的整体。儒家学者早就已经认识自然是一个完整的整体，认识到人类只有与大自然相互融合，和谐相处，才能够实现两者的共荣共生，才能够从中获得好处。在儒家学者看来，人与自然的关系既是一种物质关系，也是一种经济关系，更是一种伦理关系。这种伦理关系指的是人类与世间万物来自同一个本源，生命的本质是统一的，生存的环境是一体的。然而人类区别于其他自然万物的区别在于，人具有主观能动性，只有人类的思想和行为才能够决定宇宙乾坤的和谐与完美。

由此看来，人类和其他万物一样，都是天地的产物，也就是大自然的产物。既然大自然是万物的父母，那么人类就应该发挥自身的能动性，发挥德行的作用，让人类与自然生态双方合而生生不息、生生日新。

（3）"尽物之性"

如果说"万物一体"是儒家"天人合一"思想的基础和前提，"仁爱万物"是儒家"天人合一"思想的伦理原则，那么"尽物之性"是儒家"天人合一"思想的实践准则。"尽物之性"强调要充分发挥不同种类物种的天赋和特性，凝聚中国古代生态伦理的卓越智慧。"尽物之性"在《周易》中被表述为："天地设位，圣人成能"，也就是说它要求人们要顺应自然的规律，遵循自然的法则，参与大自然的变化过程，在"天人合一"的大背景下，发挥人们的主动性和创造性，合理地控制利用大自然，最终实现"万物皆得其宜，六畜皆得其长，群生皆得其命"的"天人合一"的最高境界。

（4）"天人合一"的生态智慧

儒家的"天人合一"思想包含着丰富的生态智慧，为人们自身的道德修养提供了合理的衡量尺度，将人类与自然合为一个有机整体，是一种整体性的思维方式。人类通过适度的活动走向人类与自然和谐的现实路径，从而把握自然运行的规律。

第一，"天人合一"思想为人类的自身道德修养提供了衡量尺度。中国的传统社会以儒家思想作为思想的主流，而儒家思想特别注重礼义廉耻、仁爱，是一个强调道德修养的社会。在漫长的中国社会发展历史中，人们始终践行儒家的道德理想和内容，将实现道德修养作为人一生追求的实践意义，同时也是实现个人价值的重要方式。儒家思想倡导"修身齐家治国平天下"，从这句话的内容我们可以看出，儒家将道德修养的实践延伸到政治领域，表现出传统社会的道德政治特征。儒家思想的这一特性决定了"天人合一"思想在解决外在的自然界存在的问题时，不得不带有强烈的内在道德色彩。正如张世英所说："儒家的天人合一本来就是一种人生哲学，人不是作为认识者与天地万物打交道，而是主要被作为一个人伦道德意义的境界。在这个境界中，哲学思想与道德理想、政治理想融为一体，个人与他人，与社会融为一体。"①在儒家看来，人这一生最高的境界和价值尺度就是"天人合一"，主张达到与天融为一体的最高境界。

第二，"天人合一"思想使人类萌生了生态保护意识。儒家"天人合一"思想具有整体性的特点，这种整体性特点主要表现在两个方面：一是儒家强调人与自然是一个有机整体；二是儒家认为思维主体和思维客体是混沌不分的。这种整体性的思维方式产生的原因主要是源于中国传统的社会结构，我国传统社会的结构是以小农经济为主，科技发展程度缓慢，并且由于人类对自身内部结构没有认识清楚，于是就将自身的认识局限于道德修养的领域之内。对于外界的认识，人们则将天与万物联系在一起，表达对天的神秘力量的崇拜，于是天就顺其自然地成为主宰一切的源头。《周易》曾将阴阳矛盾的对立统一看作是自然界和人类社会发展的基础，由阴阳交感而化生万物，气化凝结生成万物。儒家思想将天、地、人都看成是宇宙的一部分，是宇宙的统一体，每个元素的变化都会影响、制约着其他因素的发展，这种"牵一发而动全身"的整体思维促进了人类萌生生态保护意识，对于我国的生态文明建设具有重要的启示性价值。

第三，"天人合一"思想主张通过适度地发展实现动态的和谐。"人

---

① 张世英：《天人之际——中西哲学的困惑与选择》，北京：人民出版社，1995 年，第 186 页。

与自然是统一和谐的整体，二者彼此相通，一荣俱荣，一损俱损，人与自然混为一体。人性与天道和谐一致。"①从这一观点看来，儒家思想将宇宙视为一个统一的整体，天、地、人都是一个独立的个体，且与彼此相连。三者有自己的发展规律和生长规律，因此人类在进行生产生活的时候，要注意适度的实践原则，通过适度发展最终实现动态的和谐，这是儒家整体性思维对未来社会发展的理想愿景。

第四，"天人合一"思想发现了保护生态良性发展的规律。孔子说："道千乘之国，敬事而信，节用而爱人，使民以时。"这句话的意思是治理一个拥有一千辆兵车的国家，就要严谨认真地办理国家大事而又恪守信用，诚实无欺，节约财政开支而又爱护官吏臣僚，役使百姓要不误农时。作为一个国家的君主要对自然资源和人力进行合理的运用，反对苛政。另外，孟子还说过："不违农时，谷不可胜食也。数罟不入洿池，鱼鳖不可胜食也。斧斤以时入山林，材木不可胜用也。谷与鱼鳖不可胜食，材木不可胜用，是使民养生丧死无憾也。养生丧死无憾，王道之始也。"孟子所说的话要求对自然资源进行合理开发利用，反对对自然资源过度开发利用。因此，儒家"天人合一"的思想主张要求尊重自然的规律，合理开发利用资源，才能保证生态良性发展。这对于人们正确认识生态环境，制定保护生态的政策措施具有现实意义。

2. 道家的"道法自然"

道家是中国历史上一个重要的哲学流派，其地位可以与儒家并驾齐驱。从先秦开始，道家文化源远流长，历经三千多年经久不衰，深深影响着中华人民的思维方式、思想状态，其影响在中国人心中根深蒂固。

F·卡普拉作为当代人文主义物理学家，他曾提出："在诸多的伟大传

---

① 许士密：《"天人合一"观与和谐社会构建》，《党政论坛》，2006 年第 3 期。

统中，据我看，道家提供了最完美且最深刻的生态智慧，在自然的循环过程中，它强调个人和社会的一切想象和潜在两者的基本一致。"①道家认为，世间万物包括人类都是大自然的存在物，无论是人类，还是其他生物都需要按照天道的规律生存，不得违背天道。对于人来说，人类虽有智慧，具有主观的能动性，但是人类在进行改造自然、利用自然的活动中，要顺应天道，遵循自然规律，从而达到与自然和谐相处，互惠互利的目的。"道法自然"是老子生态思想的核心，具体说的是："人法地，地法天，天法道，道法自然。"②在这句话中，自然处于最高级的地位，道指的是规则，天遵从规则，地遵从天，人遵从地，以这个排序为准，人处于这个序列的最底层，人就必须遵从于自然，并受制于自然。因此可以说，世间万物都受制于自然界，都是以自然作为根基演变而成，万物统一于自然，人类只是自然界中的一部分。老子的"道法自然"为我们营造出一幅万物和谐相处的理想景象，要求我们要遵循自然的规章制度，遵循道的本性，尊重并爱护自然，这就是老子的"顺应自然"的生态观。"顺应自然"的生态观反对人为的破坏，反对人为的过度滥用，反对人类的自尊自大，反对传统的"人类中心主义"态度，强调遵循自然的规则，与自然和平友好相处。

在老子的思想中还包含着"万物平等"的生态观。他曾说道："天地与我并生，而万物与我为一。"③庄子也曾指出："以道观之，物无贵贱。"④天、地、人是一个统一整体，万物是一个和谐统一的有机整体，表达了万物是一个平等的存在，并且人与万物之间是相互依存的关系。因此，人类

---

① 转引自：王泽应：《自然与道德—道家伦理道德精粹》，长沙：湖南大学出版社，1999年，第257页。

② 老子：《道德经》，北京：中国华侨出版社，2011年，第26页。

③ 庄周：《庄子·齐物论》，贵州：贵州人民出版社，1992年，第31页。

④ 庄周：《庄子·秋水》，贵州：贵州人民出版社，1992年，第283页。

要与自然和谐相处，"辅万物之自然，而不敢为也"，充分尊重世间万物所拥有的生存权利，遵循世间万物自身生长的规律和规则，切不可按照人类的想法肆意破坏规则，扰乱生态秩序。

另外，道家还主张"适度发展"生态观。这种观点提出的背景处于东周时期社会动荡不堪，战火纷飞的现实中，于是道家提出了"圣人去甚，去奢，去泰。""名与身孰亲？身与货孰多？得与亡孰病？甚爱必大费，多藏必厚亡。故知足不辱，知止不殆，可以长久。"第一句话指的是作为一名修行的人，必须要懂得去掉过分的、多余的、奢华的、极端的，这对于得道成仙具有重要意义。第二句话探讨的是声名和生命相比哪一样更为亲切？生命和财富比起来哪一样更为贵重？获取和丢失相比，哪一个更有害？过分地爱名利就必定要付出更多的代价；过于积敛财富，必定会遭受更为惨重的损失。所以说，懂得满足，就不会受到屈辱；懂得适可而止，就不会遇见危险，这样才可以保持住长久的平安。从这两句话中我们可以看出，道家教授人们要懂得保持适度原则，极端过分的行为无法维持人与自然之间的平衡。如果人类打破这种平衡，破坏自然的规则，就会遭到自然的报复，甚至威胁人类的生存。当前世界出现各种各样的生态危机，根本原因在于人类本身。人类本身只看重在短时间内快速积累财富，却忽略了自然的可持续发展，无节制地开采和利用自然，超快超规模发展经济。在这个意义上来说，道家主张的"适度发展"的生态观对于解决当前的生态危机提供了理论基础。

### 3. 佛教的"众生平等"

世界上的三大宗教有佛教、基督教、伊斯兰教，佛教就是其中之一。佛教产生于公元前6世纪的印度，创始人是乔达摩·悉达多。佛教的基本理论包括四谛说、十二因缘说、业力说、无常说和无我说等。它的核心思想是宣扬人生是一场漫长的苦难旅程，只有信奉佛教，加强修炼，才能够上升至"空"的境界。佛教是一种源远流长的学派，其内容博大精深，在其中蕴含了丰富的生态文明思想。

中国佛家认为万物是佛性的统一，众生平等，万物皆有生存的权利。佛教的生态核心思想就是众生平等，认为万物都有生存的权利。这一思想在《涅槃经》中曾表现为："一切众生悉有佛性，如来常住无有变异。"佛教认为，宇宙中一切生命都是平等的，生命对于人类和一切不会说话的动物和植物都是同样宝贵。佛教正是从善待万物的立场出发，把"勿杀生"奉为"五戒"之首。体现了佛教尊重生命，尊重自然的思想。

唐代的天台宗大师湛然提出了"无情有性"论，他认为虽然山川、草木、大地都是没有意识的存在，但是它们却都具有佛性。这种佛性体现于世间万物之中，因此世间万物都具有平等的价值。佛性将自然看成是佛性的显现，因此要求人们要尊重并保护自然，维护我们生存的家园。可以说佛教的"无情有性"论与当代的生态学有异曲同工之妙。例如：莱奥博尔德曾提出大地伦理学，他认为大地伦理学扩大了社会的边界，包括土壤、水域、植物、动物或它们的集合——大地。由此可以说，莱奥博尔德的大地伦理学改变了人类的地位，将人类的地位下降到与其他世间万物处于同一水平线上，将人类的地位由征服者变为普通一员。也就是说，人类也要改变对自然的态度，尊重并保护他的生物同伴，尊重大地生灵。

慈悲为怀的生态实践观。佛教对生命的关怀，最为集中的体现就是普度众生的慈悲心肠。佛教倡导的"一切佛法中，慈悲为大""大慈与一切众生乐，大悲拔一切众生苦"无不体现了善待万物，慈悲为怀的思想。它强调人在保护自身生命的同时，还应该尊重善待其他万物。在佛教的心目中，其他生命体与人的地位是一样的，人的生命很宝贵，其他动植物的生命也很宝贵，只不过人类与它们相比具备了较强的意识和思维能力。在佛教思想中，倡导我们大慈大悲地对待所有生命，"与乐"称之为"慈"，"拔苦"称之为"悲"，"大慈与一切众生乐，大悲拔一切众生苦"。

综上所述，在古时，中国的传统文化已表现出生态文明的意识，这些宝贵的财富资源对于当今人处理人与自然的关系，为人与自然在生态系统中互惠互利提供了有利经验。

## 二、西方生态文化的阐释

工业文明最早起源于西方资本主义国家，他们率先开展工业革命，创新科学技术，提高社会生产效率，为人类带来了物质财富的同时，也对环境造成了严重影响，于是生态危机率先于资本主义国家爆发。这些资本主义国家尝到了工业文明带来的甜头，也尝到了过度开垦自然资源带来的苦头，于是生态文明建设逐渐登上了历史舞台。我们不得不承认西方资本主义国家在某些方面的建树确实值得我们学习。

### 1. 关于建设性的后现代主义的生态文明理念

这一理念认为只有确保可持续发展的社会才有资格被看作是生态文明的社会；同时，生态文明的形成过程较为漫长，依次经过原始的采集文明，接着是农业文明，再到工业文明，其次才进入生态文明。这一思想具有一定的合理性，但笔者不敢完全苟同。因为一个社会的发展或者文明的进步，并不仅仅是沿着直线的方式不断向前进步的，也有可能是跳跃某一个阶段或者时期而走向一个新的文明。就是说，我们没有必要等到工业文明之后才开始建设生态文明。无论是农业文明，还是工业文明，都是离不开生态文明的。但是，这并不否认生态文明是农业文明和工业文明发展到一定阶段的产物。

## 2. 西方绿色政治理念

绿色政治理念也被称为生态政治理念，是二十世纪六十年代末至七十年代初在部分西方的资本主义工业化已经完成的国家兴起的一股社会思潮。这一思潮的最大特点就是追求不同的阶级、阶层、国家、地区等之间的生态和谐，以人类与自然界的和谐共存为核心理念，对传统的政治逻辑和经济体制持否定态度。根据学界的研究，笔者认为绿色生态观念的主要观点包括实现生态平衡或者强调保护生态环境的根本原则，把人类的生存和大自然的存在都纳入公正的原则之内的"社会公正理念"，更好地保护生态环境以及调动人们参与生态治理的"基层民主原则"，人与人之间和人与自然、社会之间的"非暴力原则"。

## 3. 非人类中心主义

工业文明带来了深重的社会危机，人类生存环境日益恶化。随着现代西方环境保护运动的兴起，人类开始反思人与自然之间的关系，将伦理考量的范围由人与人之间扩展到人与自然之间，这是伦理学的一大进步。在生态伦理学中，存在着两种派别，一是人类中心主义，二是非人类中心主义。工业文明时代，人类中心主义长期霸占着思想的主流地位，造成人类生存危机的加深。随着人们保护环境意识的觉醒，人们对人类中心主义提出了挑战，非人类中心主义逐渐占据了西方生态伦理思想的主流，得到了越来越多的人的支持与认可。

十九世纪下半叶到二十世纪初是生态伦理学的孕育阶段，主要基调是人类中心主义，二十世纪初到二十世纪中叶是生态伦理学的创立阶段，二十世纪中叶以后是生态伦理学的系统发展阶段。自二十世纪初开始非人类中心主义占据着主流，伦理学系统发展阶段也出现了许多具有不同特色的理论学派。

第一，动物权力论和动物解放论。该理论认为人类应该尊重并保护其他动物的生存和发展的权利，将道德伦理的范围从人类扩大到动物。该学派最具代表性的有辛格的动物解放论和雷根的动物权力论。澳大利亚著名的伦理学家彼得·辛格在1975年写成了《动物解放》一书，认为人与动物是平等的，人类应当将适应于人的平等原则同样推行到动物身上。他发现动物也与人类一样，都有感受痛苦和快乐的能力，同样具有趋乐避苦的特点。如果一个动物能感受到痛苦和快乐，那么动物也应该成为道德关怀的对象。辛格说道："动物不是为我们而存在的，它们拥有属于它们自己的生命和价值。"1986年，美国哲学家汤姆·雷根写成《动物权利案例》一书，认为人们用来证明人拥有权利的理由与用来证明动物拥有权利的理由是相同的，即都具有一种天赋价值。所有的生命体都拥有天赋价值，拥有天赋价值的生命体都必须当作目的本身存在，而不应该当作工具对待。因此可以说，动物也跟人类一样拥有天赋价值，动物和人一样都有获得平等尊重的权利。

第二，生物中心论。这一流派与动物解放论和动物权力论不同的是，它的道德关怀范围更大，由动物扩展到所有生命体。它强调有机生命体的价值和权利，生命个体的生存具有优先性，属于一种个体主义的生态伦理学。最具代表性的学说有施韦兹的敬畏生命伦理学和泰勒的生命平等主义伦理学。1923年，施韦兹曾发布《文明与伦理》一书，他认为伦理的基本原则就是敬畏生命，自然在用它的方式产生生命，与此同时也在毁灭生命。人类想要保持自身的发展，维护自身生存的权利，就要敬畏生命，要认识到与其他生命之间共生共赢的关系。敬畏生命伦理学的核心内容是爱和尊重，要尊敬一切生命、维护一切生命，使生命达到最高程度的发展。泰勒继承并发展了施韦兹的敬畏生命伦理学，写成了《尊重自然：一种环境伦理学理论》

一书。他认为生命有机体是一个具有目标导向的、有序完整的协调系统，在这个协调系统中都指向同一个目标，那就是实现生命有机体的生长、发育、延续。在这个系统中，人类只是其中的一员，与其他生物没有地位上的差异。另外，他还提出了尊重系统中的生命体，不伤害、不干预生物，让它们顺其自然地成长。人类也不必因为保护其他生物而做出损害自己权益的事情，只需人类做出与对它们伤害相对等的补偿，保持生态系统的稳定有序发展。

第三，生态中心论。生态中心论是一种整体主义的生态伦理学，它将生态伦理和道德关怀的范围从生命的个体扩展到整个生态系统，是人类生态文明历史上的重要里程碑。生态中心论的代表有利奥波德的大地伦理学、纳斯的深层生态学。1947年，利奥波德完成了被誉为"环境主义运动的一本圣经"——《沙乡年鉴》，在此书中表达了他的大地伦理学思想。他认为，土壤、水、植物、动物、人等都是生态系统中的一员，人在这个系统中只是一个与其他生物平等的公民。这时候的人们不仅要把权利赋予其他生物，还要将良心和义务分给其他生命体。大地伦理学的首要原则就是："当一个事物有助于保护生命共同体的和谐、稳定和美丽的时候，它就是正确的，当它走向反面时，就是错误的。"另一名代表人物纳斯在《浅层生态运动与深层、长远生态运动：一个概要》中首次提出了"深层生态伦理学"的概念。自我实现和生物中心主义的平等是深层生态学理论的两个最高规范，也是深层生态学的理论基础。在这个生态系统中，每一个生命体都是有内在价值的，并且处于平等的地位中，自我实现。

综上所述，非人类中心主义的主要观点是：第一，自然中的每一个生命体都有其内在价值，并且彼此之间是独立的、平等的关系；第二，人类对于其他生物都有道德方面的义务，要考虑生命体所需的责任，保证它们自身的权益，实现自身的发展。

4. 全球环境治理与生态民主协商制度

资源稀缺性和环境恶化的困境促使新制度的产生。虽然"工业资本主义"对整个世界经济的发展和人类的向前进步曾经起到了非常重要的作用，但是对化石燃料的大量索取和使用，对人类生态环境造成危机。这一理念认为人类必须汲取旧的工业发展模式的教训，进入新的工业文明。因此，工业资本主义的范式需要转换已经成为人们的共识。这主要是要建立一种生态文明的制度，为生态文明建设和生态危机的治理提供制度保障。建立和完善生态文明制度的背景主要是针对环境问题的全球性和分散性而言。环境治理是一整套的程序，需要全球民众共同参与治理，绝不是一个国家或者某一个地区的事情。这就需要政府之间、社会组织之间以及跨国公司之间都发挥自身的作用，为生态文明建设贡献力量。而要实现这一治理态势，就必须完善生态民主协商制度，为各个生态建设主体投入生态环境建设进程中提供制度支撑。

5. 生态马克思主义

无论是马克思、恩格斯，还是经典马克思主义作家的重要继承人——列宁，他们有关生态文明建设的重要论述，构成了人类思想发展史上独特的生态观。尤其是马克思、恩格斯对生态文明的相关论断，对当前我国生态文明建设具有重要现实价值。这些思想火花散见在《资本论》《自然辩证法》《反杜林论》《英国工人阶级状况》《国民经济学批判大纲》等。

生态马克思主义关注的核心是批判和反思现代工业社会在人与自然关系上的危机，由于这场危机是由资本主义社会生产发展引起的主要矛盾，其表现形式引发了人类的深思，重新考量人与自然的关系才是解决危机的生存之道。生态马克思主义通过分析资本主义社会生态危机的根源，力图寻找到一条既能解决生态危机，又能实现社会主义的新道路。生态马克思主义的理论成果表现如下：

（1）以处理好人与自然之间的关系为核心理念

马克思主义经典作家的生态文明思想的核心是要正确处理好人与自然之间的关系。恩格斯曾指出："人本身是自然界的产物"，人们要通过劳动实践来改造自然。这是因为"劳动首先是人和自然之间的过程……人和自然之间的物质变化的过程"。① 由此可见，人类必须遵循与自然界之间进行物质交换的客观规律，才能实现自身的顺利发展。如果人类选择对抗自然规律，与自然为敌，那么人类将会受到源于自然界的报复和惩罚。正如恩格斯指出："我们不要过分陶醉于我们人类对自然界的胜利。对于每一次这样的胜利，自然界都对我们进行报复……常常把最初的结果又消除了。"② 针对资本主义社会的生态危机，马克思认为资本主义的生产方式是造成人与自然的异化的根本原因。资本主义科学技术的每一项进步不仅是劳动者的智慧，还有人类掠夺自然资源技巧的进步。当面对人类活动所造成的生态危机问题时，马克思发表了"资本主义制度的存在是人类的环境遭受危机的关键原因"的意见，即"资本主义生产方式破坏着人与自然之间的物质代谢，是资本主义生态危机的根源……在资本主义生产无限扩张的过程中……必然导致经济社会发展与生态环境的矛盾的激化"③。

虽然马克思论述的是资本主义社会生态危机的总根源，但是，不可否认的事实是马克思当年的实践论域正是像德国、英国、法国等资本社会。很明显，按照马克思主义经典作家的意思，要想摆脱现存的生态危机，就

① 马克思，恩格斯：《马克思恩格斯全集》（第 4 卷），北京：人民出版社，2001 年，第 207 页。

② 马克思，恩格斯：《马克思恩格斯选集》（第 3 卷），北京：人民出版社，1995 年，第 383 页。

③ 王睿：《马克思的环境思想与我国生态文明建设》，《科学社会主义》，2013 年第 1 期。

必须打碎现有的资本化主义政治机器、文化糟粕的一面，还有经济中不合理的成分等。但是这种否定的做法也不代表我们要推翻资本主义所做的一切，因为资本主义是一个人类社会历史发展的重要里程碑，在这一时期我们的经济、文化、政治都达到了空前高度，尤其是科学技术获得了前所未有的成功。因此可以说，工业文明时代，资产阶级还是发挥了不小的作用，我们不要扬弃工业文明的成果，而是在此基础上建设生态文明。

（2）消灭资本主义制度是摆脱生态危机的根本出路

在马克思看来，人类与自然界的和谐的实现，只有到了未来的共产主义社会才有可能实现。这就启发我们要想摆脱生态环境问题，就要"解决包括气候变化危机在内的生态环境危机的最终出路是消灭资本主义制度，建立共产主义新社会"①，对资本主义制度进行完全改造。根据马克思的观点，这种完全改造指的是要建立共产主义社会，实现自然主义、人道主义和共产主义的有机统一。完成了的自然主义等于人道主义，而作为完成了的人道主义等于自然主义，真正解决人与自然之间、人和人之间的矛盾。

恩格斯在《乌培河谷的来信》中第一次对生态环境进行描述，分析指出生态危机产生的背景就是资本主义无节制地开采自然资源，导致水污染、空气污染、土地荒漠化等生态问题。恩格斯还在《英国工人阶级状况》中更为详尽地记述了这一情况，他指出："英国街道通常是没有铺砌过的，肮脏的……到处是垃圾，没有排水沟。"②从恩格斯的相关论述中，可以窥见以英国为代表的资本主义国家给生态环境带来的致命性影响。同时，恩格斯在《国民经济学批判大纲》中又对生产力和科学技术对生态环境的影

---

① 王睿：《马克思的环境思想与我国生态文明建设》，《科学社会主义》，2013年第1期。
② 马克思，恩格斯：《马克思恩格斯全集》（第6卷），北京：人民出版社，1961年，第307页。

响进行了描述。在《劳动在猿到人转变过程中的作用》中，恩格斯主张人与自然要实现和解。因为"我们同我们的肉、血和头脑一起都是属于自然界，存在于自然界中"①。他也曾指出，我们对自然界的征服和改造，刚开始看似是我们胜利了，但从长远看，我们注定会败于自然的脚下，受到来自自然的报复。如果想要避开自然的报复，那么我们就必须另寻他路。从制度层面来看，恩格斯的思路和马克思的观点可谓不谋而合。恩格斯认为，就考察资本主义的制度而言，主要是由于整个社会生产的无政府状态，以及资本家无节制的贪欲，从而造成了人与人之间的冲突和直接对立，这样就导致资本主义生产的盲目性、无明确的目的性，也就不可避免地造成了人类与自然界的矛盾、分歧。如果不变革现存的不平等的人与自然关系，就不能实现人类与自然界的和谐共赢发展，我们"需要把我们现成的生产方式以及我们今天的整个社会制度一起完全改造才行"②。

（3）列宁关于环境保护和资源合理利用的思想

列宁也曾论述了合理使用资源、反对污染等思想。例如："把自然肥料白白抛掉，反而污染城市和工厂附近的河流和空气，这是很不合理的。"③"合理地使用经济资源，才配称为社会主义建设。"④列宁的环境保护和资源合理利用思想，结合了社会主义建设的实际情况，进行了大胆探索。这些宝贵的思想观点对苏联社会主义社会建设和其他社会主义国家的经济建设都有主要的启发意义。

总之，马克思主义的生态文明思想论述了生产危机的制度根源、生态危机的基本表征和实现人与自然共赢共存和谐发展的基本路径，并对未来自

---

① 恩格斯：《自然辩证法》，北京：人民出版社，1957年，第146页。
② 恩格斯：《自然辩证法》，北京：人民出版社，1957年，第147页。
③ 列宁：《列宁全集》（第5卷），北京：人民出版社，2014年，第132页。
④ 列宁：《列宁全集》（第28卷），北京：人民出版社，1956年，第18页。

由全面发展的共产主义社会的人与自然的关系的美好图景进行富有创建性的展望。这些为中国特色社会主义生态文明建设的推进指明了总方向：自然界是人类之所以继续存在的前提，人类离不开自然界，人类依赖于自然界；人与自然和谐共生，互惠互利，人类应该与自然保持双赢互惠共同发展。

6. 可持续发展理论

发展是人类的共同追求，也是人类生存的永恒主题。随着社会实践的不断发展演变，人们对于发展的认识也会逐渐深化。在传统观念上，人们认为发展主要是以国民生产总值的增长作为主要指标，以工业化为基本内容。基于这种发展理念，人们开始狂热地追求经济的快速增长，追求物欲的享受，从而引发了新的矛盾，出现了一系列的环境问题。出于对一系列问题的考量，人们不得不改变自己的发展道路，找寻一种新的发展理念作为行动指南，于是在二十世纪八十年代出现了可持续发展理论。

可持续发展理论要求改变单纯地追求经济增长的发展模式，改为注重生态保护的技术型社会，注重生态、社会、经济效益，控制人口的过度增长，调整产业结构，发展高新技术，以促进清洁生产和文明消费，协调环境与发展之间的关系，最终达到后续的资源可以满足后代子孙的生存需要和经济、社会、环境可持续发展的目的。这一概念最初是由环境学家和生态学家提出来的，是人类的共同智慧。1962年，美国的女生物学家莱切尔·卡逊发布了《寂静的春天》，该著作一问世就轰动世界，它描绘了一幅由于农药污染所带来的可怕景象，向人类发出了将失去"春光明媚的春天"的警告。《寂静的春天》的问世引发了全球关于传统发展观念的反思，对传统的经济发展模式产生怀疑。伴随着学术界对于生态危机的深入认识和社会的普遍关注度提高，全球性的官方共识也应运而生。1972年，联合国在斯德哥尔摩召开了第一次人类环境会议，该会议通过了《人类环境宣言》。1987年，联合国世界环境和发展委员会提出了《我们共同的未来》报告，该报告采纳了可持续发展理论并且加以推广，对可持续发展理论下了一个明确的定义。可持续发展理论是一个复杂的概念，其内容涉及方方面面，接下来将从三个方面来解释可持续发展理论。

首先，有关可持续发展的定义问题。关于可持续发展的定义，不同的学术流派的侧重点不同，分别从自然属性、社会属性、经济属性和科技属性出发。从自然属性上来说，认为可持续发展就是保护和增加环境系统的生产和更新能力；从经济属性上来说，可持续发展是从保障自然资源的可循环利用的基础上，使经济效益达到最大程度；从社会属性上来看，可持续发展就是在不超过环境承载能力的基础上，提高人类的生活质量；从科技属性上来看，可持续发展就是要提高科学技术，提高资源的利用率，向环境减少废物排放。

其次，可持续发展的特征。可持续发展关注的不仅仅是环境保护问题，它还强调赋予传统的环境保护新的内涵，就是要促进经济、环境、社会三方面的协调发展。在经济可持续发展方面，可持续发展理论鼓励经济的增长，并不是为了保护环境而遏制经济的增长。人类想要在地球生存下去，必然就会发展经济，但是人类要注意在发展经济的同时，还要注意保护环境。发展经济不能以牺牲环境作为代价，否则虽然可以在短期内赢得巨大的经济效益，但是从长远来看，这种方式会威胁人类的生存。可持续发展要求摒弃传统的发展模式，实行清洁生产和文明消费，以此来增长经济。在环境的可持续发展方面，可持续发展要求人们在开采资源的同时，还要考虑环境的承载能力，一切人类活动都要在承载能力范围内开展。人类还要在发展的同时，注意保护并改善生态环境，保证资源的可持续发展。在社会的可持续发展方面，可持续发展要求每个国家之间能够相互传授有益的经验，各个国家之间互帮互助。经济发展能力强、科技水平高的国家要致力于世界上贫困国家或地区的帮扶工作，因为只有消除贫困才能够真正有效地保护生态环境，这些贫困国家和地区解决了基本的温饱问题，才能够稍有余力地保护自然环境，提升保护自然环境的能力。

此外，可持续发展的原则。一是公平性原则。在世界上的每一个国家、每一个地区的人民都有满足自己基本需求的权利，并且拥有平均的分配权和公平的发展权。人们的后代子孙也拥有公平享受资源的权利，上一辈的人们注意为后代留下足够的发展空间和发展潜力。二是可持续性原则。可持续发展强调要在不损害地球的生态系统的前提下，考虑环境的承载能力，在承载范围内满足人们的发展需求。三是共同性原则。世界各国的国情和发展能力存在差异，但是我们在环境保护问题上的目标是一致的。可持续发展理论是全球人民共同的发展目标，想要实现这一目标，必须建立全球合作伙伴关系。

综上所述，可持续发展理论体现了环境持续是基础，经济持续是条件，社会持续是目的，人类共同追求自然——经济——社会复合系统的可持续稳定的发展。在这个发展过程中，还要注意公平性原则、持续性原则和共同性原则。

### 7. 生态现代化理论

任何理论的产生都有历史背景和社会发展的推动作用，可以说西方生态现代化理论的产生具有历史必然性。生态现代化理论产生于二十世纪八十年代的西欧，当时的西欧工业技术发达，对环境的影响力强，与环境之间的矛盾也异常激烈。人们为了缓和与环境之间的矛盾，积极地寻求解决方式，于是生态现代化理论应运而生。

生态现代化理论提供了一种生态和经济相互作用的模式，目的在于将存在于发达市场经济之中的现代化驱动力与长期经济相联系，人类通过经济技术革命，与自然形成友好协作的共生模式，建设环境友好型社会。这一理论由于强调市场竞争和绿色革命之间可以在促进经济繁荣的同时，减少对环境的危害，对于现有的经济发展模式没有较大的改动和重建，这种温和、实用的绿色社会发展理论得到了绝大多数国家的支持，风靡二十世纪八十年代的经济社会，形成了一股生态思潮，对于欧洲多地的环境治理和环境变革产生了巨大影响。

虽然生态现代化理论产生的时间不长，但是却涌现了众多优秀的学者表达自己的研究成果。依据阿瑟·摩尔的观点，我们可以依据生态现代化理论的研究领域和地理范围，将生态现代化理论的发展历史分为以下三个阶段：

第一阶段，二十世纪八十年代的早期被视为是生态现代化理论产生的萌芽阶段。德国社会学家约瑟夫·胡伯和马丁·耶内克是这一阶段的代表人物，其中胡伯被视为是这一理论的奠基人。两位学者看重技术革新在工业生产和环境变革中的作用，并且倾向于市场作用的调节，对政府的作用持批评态度。总体来说，在生态现代化理论产生的萌芽阶段，这两位学者的观点比较单一薄弱，研究的方向也较为限定，只局限于单一国家，但是不可否认两者奠定了生态现代化理论的基础，刻画了生态现代化理论的基本轮廓。

第二阶段，二十世纪八十年代后期到九十年代的后期，生态现代化理论进入形成期。这时候有大量的学者致力于生态现代化理论的建设，研究的人数众多，参与的国家也多。参与范围不再局限于德国一国，还有一些欧美国家也参与进来。在这些学者中，荷兰人格特·帕斯嘉论和马藤·哈杰是这一时期具有突出贡献的代表人物。这一时期不再强调技术创新对生态现代化的核心作用，转而在政府和市场的联合作用下，进行生态转型。另外，其研究的范围也有所扩展，由以前的单一国家逐步扩展到经合组织国家。

第三阶段，在二十世纪九十年代中期以后，这一阶段是生态现代化理论的拓展期。在这一阶段，学者们逐渐转型将生态现代化的理论研究和全球化发展的进程相结合，使得生态现代化理论呈现全球化拓展的趋势。在这一时期，有更多来自各个国家的学者对生态现代化理论的研究做出贡献，并且在实践范围上扩展到欧洲以外的国家。另外，这一时期的理论追求也从单纯的改善环境发展为整个社会的生态转型。

总体来说，生态现代化理论经历了萌芽期、形成期和发展期三个阶段，理论内涵不断地成熟丰富，形成了一套完整的思想体系。具体来讲，生态现代化理论主要有以下四个特征：

首先，依靠技术革新。生态现代化指的是通过环境技术革新而达到一种环境友好型的发展。在生态现代化理论中，技术革新处于关键地位，但是它又承认技术革新是一把双刃剑。技术革新既可以推动环境治理，又可能对环境造成不利影响。生态现代化理论认为，科学技术是引发环境问题的主要原因，同时也是治理环境的主要手段。传统的技术手段将会被替代，取而代之的是对环境影响甚微的技术手段，这种技术手段具有环保性、社会性、预防性和经济性的特点。现代环境技术手段的运用为生态现代化理论提供了转变为现实的可能性。在现实生活中使用环境技术手段不仅可以降低能源的消耗和排放，还能提高企业的竞争力。这些清洁企业的出现推动了社会的繁荣昌盛。

其次，利用市场机制。生态现代化理论是以市场作为基础的理论，认为市场的作用在生态建设中具有重要影响。虽然它肯定了市场的作用，但是不代表它否定了政府的作用。生态现代化理论是一种政府干预与市场作用相结合的理论，政府可以通过干预市场活动创造一个让经济和环境可持续发展的框架。根据这种观点，环境政策决策者日益把他们的作用视为市场的促进者和保护者，并且运用以市场为基础的经济性工具。芬兰、德国、日本等发达国家率先开展环境政策手段，例如芬兰于 1990 年在世界上开征了二氧化碳税。这些环境保护先行国家通过市场机制引导经济主体自觉降低污染水平，保护生态环境，有利于实现经济增长和环境保护的双赢。

再次，强调预防为主。生态现代化理论基于传统修复补偿或末端治理环境政策的缺陷，是以预防为主的理论。在通常情况下，生态环境产生问题时，人们才会想方设法出台一系列的政策治理环境问题。但是这种方法是一种先污染后治理的方法，从长期而言，并不利于生态系统的可持续发展。这种政策又往往是针对具体的污染因素来制定的具体措施，导致在具体的目标、措施和制度之间缺乏协调性和统一性，从而使得环境问题由一个环境媒介转嫁到另一个媒介上。此外，传统环境政策的最大问题还在于成本太高，需要大量的环境治理的投入，并且这种政策见效十分缓慢，因此实施预防为主的环境政策对于生态建设具有重要作用。

最后，实行渐进变革。耶内克认为，"生态现代化作为一种以市场为基础的方法，是一种至今卓有成效的方法。与结构性解决方案相比较，生态现代化似乎是一种更容易的环境政策方法。"[①] 结构性解决方案的最大问题就是现实可能性太小，公众对于结构性改变所带来的不确定性有一种强烈的抵触情绪，在现实生活中很难获得政治上的支持。而生态现代化理论虽然也要进行一系列的重大变革，用来纠正破坏环境的结构性缺陷，但是

---

① 郇庆治，马丁·耶内克：《生态现代化理论：回顾与展望》，《马克思主义与现实》，2010 年第 1 期。

生态现代化理论更容易被群众所接受。归因于生态现代化理论认为变革不一定会将现代社会建立的所有体制推翻，是一种渐进式的变革方式。这种变革方式的优势在于阻力小，更容易被广大的政治界、企业界和学界所接受，让这些人物成为生态建设的主要推动力。

总之，西方的生态现代化理论的提出是世界建设生态文明的一大进步，它的出现无论对于过去的环境学说，还是对于解决生态危机都提出了合理化的见解，并通过实践的检验具有相当的合理性和可操作性，受到了广大欧洲国家的追捧。

★第三章　生态文明的文化

人类社会经历了原始文明、农业文明和工业文明三个阶段后，目前正处于工业文明和生态文明的过渡时期。不同时期的文明具有不同的主流文化，原始文明产生了原始文化，农业文明产生了人文文化，工业文明产生了科学文化，与之相对应的生态文明也该有自己的文化，即生态文化。

# 第一节　生态文化内涵

生态文化是在工业文明向生态文明过渡的过程中崛起的一种新兴文化，这时的人类社会爆发了生态危机，人类为了自救开始找寻新的生存方式，于是生态文化诞生。生态文化是一种倡导人与自然和谐相处、共生共赢的观念体系，是人们根据生态危机引发的反思，致力于思想、观念和意识上，最优化地解决人与自然之间产生的矛盾。生态文化是先进文化的一个重要组成部分，并表现于物质文化、制度文化和精神文化层次上，决定着生态文明的创建。

生态文化的研究必须从基本概念入手。不同的学者对生态文化的概念有不同的看法，但是学界对于生态文化的概念并没有一个统一的标准。于是笔者将在总结之前学者的理论基础上，对生态文化的有关概念进行总结。

## 一、"生态"概念的释义

"生态学"这一个概念最早于十九世纪提出，是德国学者海克尔在研究环境的过程中，首次提到生态就是生物与其所处的环境所形成的一种关系，这种关系被称为生态关系。但是当时的海克尔提出的生态学还不是当今社会的人与自然、环境与自然的生态学，当时海克尔的生态学仅仅限制在自然界与环境的关系中，这个范围缺乏人类参与其中的概念，因此，当时的生态学的研究缺乏一定的深度，在影响的力度上也受到了一定的限制。

"生态"这个词最初的意思是"居所"或"栖息地"。简单来说，生态学是指生物在其生存环境中，自身的活动与环境所形成的一种关系。2012年，商务印书馆出版的《现代汉语》中把"生态"这个词定义为生物在人与自然的发展过程中，都逐渐形成了自己的发展趋势以及走向，从而成为一种特有的状态。1866年，德国学者海克尔将"有机体与环境的关系"作为生态更早的命名，并认为它是研究动植物以及生态对于现代环境存在的影响以及潜在的变化。目前当今学术界对于生态学的研究正在被逐渐地加深，一方面生态学已经被当成一种科学来进行研究，另一方面生态学的研究对于生态环境以及人所生存的环境都起到一定的改善作用，因此，生态学这一概念赋予了生态一词更深层次的含义。生态的影响正在逐渐渗透到人们日常工作生活中的各个角落，在时间与空间上形成了一种统一的整体，对于自然与环境的平衡发展起到了不可小觑的作用。在当今科技、文化以及文明的综合领域，生态正在扮演着重要的作用，起到了促进社会和谐、改善环境发展的作用。

随着社会的高速发展，环境问题越来越严重。"为了适应上述形势的变化，生态问题渐渐引起世人普遍的关注，生态的内涵和外延也都发生了变化。"① 目前，环境的重要性已经被深刻地认知，生态这个意义已经不再是字面上的意义，而是被真正地贯彻到生活的各个层面上来，它所涵盖的范围越来越广，已经超出本身所蕴含的生物与环境的关系，还涵盖了生态伦理学、生态经济等概念。笔者认为，目前生态的内涵应进一步延伸到人类生态系统的诸多关系的和谐关系中，包括自然生态系统、经济系统和社会系统三个领域的和谐关系。

近五十年来，随着工业社会的逐渐发展，工业文明的确立使环境的破坏程度与日俱增，人口以及自然逐渐呈现出一种更加深刻的矛盾，这种矛盾正在影响着全世界的发展。这样的环境破坏使人们更加深刻地认识到生态环境的重要性，从而使生态这一概念被彻底地引用起来。环境和资源的价值被用生态学的观点重新审视时，生态伦理学应运而生；生态学的价值观也就是在这样的环境背景之下应时而生的。环境的破坏是工业文明必然的产物，生态理念是环境发展的必然结果，在当今的环境发展之下，人们必须加强树立自己的生态意识，才能够拯救正在被破坏的环境，从而使人与自然能够平衡地发展下去，进而形成新的发展观念。

## 二、"文化"概念的释义

文化在整个历史的进程中，扮演着重要的角色，文化是人类生活发展的必要的产物，是历史的见证。文化在人类发展的过程中，见证了人类文明的出现，承载了历史的厚重感。文化蕴含着人类的智慧，包含着人类的价值观以及情感理念。在我国的数千年文明中，文化被诠释得尤为清晰，

---

① 杨树明：《生态环境保护法制研究——兼论重庆市生态法制建设》，重庆：西南师范大学出版社，2006年，第4页。

77

比如《周礼》："观乎人文以化成天下"①。在西方的一些历史悠久的国家中，"文化"一词的含义被诠释成是教育以及发展等词义，这些词义都涉及个人自身的素质以及整个社会的文明认知，等等。总之，文化是人类生活的产物，是人类智慧的结晶。人类文明将文化一词运用得得心应手，并且使人类文明完美地呈现出来，人类通过各种艺术品以及建筑物等，将当时的文化运用于各个领域，从而使当时的文化得以被传承，被记载下来。文化这一理念在当今也被一些文人学士重新定义起来，这些定义从各种学科以及学术的角度被重新审视，但是都离不开人类文明的结晶。

从文化自身的哲学方面来看，文化一词也分为不同的意义，在这里主要说广义的文化以及狭义的文化。广义的文化是指人类在社会整体的实践以及活动中所呈现出来的一种物质和精神财富的总和；而狭义的文化指的是物质文化以及精神文化等对于生活中涉及的一些细微的文化特征，这种特征具有更加细化的分类，如"物质文化""制度文化"以及其他的一些文化等。同时在政治上以及经济上也能产生不同的文化，这些文化都是狭义的文化，被区分为人的意识形态以及社会的意识形态，等等。狭义的文化能够充分体现当时的社会价值以及经济价值。狭义的文化也通常被称为"知识"，通过传授以及学习的方式被人们所认知并理解。除此之外，文化还能够通过记录的方式被人们所传承、所了解。比如我们通常所说的，一个人有没有知识，就能证明其有没有文化，而这些知识是能够通过学习来进行了解的。虽然这样的诠释并不是十分科学，但是已经成为人们的普遍认知，人们更容易这样去理解去接受。

当我们想要解读文化时，就要从不同的角度去理解、去诠释。在本书中所想要探讨的文化并非广义上的文化，也不是人们日常生活起居的一些

①林超民：《林超民文集》（第1卷），昆明：云南人民出版社，2008年，第24页。

细小的文化，本书所要说的文化是一种精神、一种价值观念以及一种整体的理论体系。这种理论体系是人类在生产过程中基于自然的影响而产生的，并从这种影响的结果中所得出的一种结论，这种理论体系涉及的是生态的观念，同时能够拯救整个环境。在某种意义上讲，文化虽然可以被称之为一种制度，但是这种制度本身并不受限制，反而是人类自身的生活所产生的一种形态，一种内在的精神结构以及一种理论观念，一种潜在的价值体系。

文明一词的由来已经很久了，在世界产生之初，就已经形成了一种文明，但是这种文明是一种原始文明，这种文明还尚未开化，还很原始，因此，这种文明仅仅是原始文明，还不拥有任何的文化。随着原始文明的逐渐发展，人类文明逐渐出现，从而带来了有组织有纪律的发展趋势，形成了不同的社会制度，进而使社会的发展更加有秩序性。在人类文明发展变化的过程中，人类与自然环境的状态也在逐渐变化着，这种文明涉及人类的各个领域，包括宗教、文化、艺术以及政治宗教，等等。这个时候所产生的社会属于文明社会，也叫物质社会，这个时候的社会才被真正地称之为文明社会。文明虽然是一个社会的产物，但是不同的区域存在着不同的文明，文明不仅仅是一个民族的象征，文明同时也是一个国家或者一个社会的精神财富，这种精神财富是一个群体的共同的影响，是这个群体的整体的形态特征。例如中世纪的"欧洲文明"以及上下五千年的"中国文明"，中东地区的"大河文明"，等等，都是具有时代性以及地域性的文明，也通常很有代表性。这些文明不仅传承了当地的文化特色，同时也把当地的生活习气以及生产特征完整地传承了下来。文明在社会的发展中起着不可忽略的作用，是当地社会的核心。文明与文化存在着相辅相成的关系，文明是一种现象，文化是一种产物，文明与文化很多时候能够互相转换，但是在一些特定的时候，又有其特定的意义。文明是社会群落的发展方式以及固定的社会习俗，文化则是生活过程中所形成的一种独特的现象。

### 三、"生态文化"概念的释义

生态文化概念源于罗马俱乐部创始人意大利学者 A·佩切伊，而在我国，学者余谋昌是最早提到生态文化这一现象的。1986 年，余谋昌先生通过《新生态学》这本书提出了国外学者对于生态文化研究的重要性的认识，从那之后，我国的学者才真正地了解到生态文化，生态文化在我国才被真正地重视起来。就目前而言，我国对于生态文化的研究主要有以下不同的类型：第一，一些学者对于生态文化的研究是从自然环境的角度出发的，他们认为，只有从自然的角度出发，才能够鉴定生态的好与坏；第二，部分的学者认为，生态文化的研究要从历史的角度来进行，也就是就某一部分的生态来说，要跟历史去作对比，从而鉴定当地生态文化的变化发展；第三，学者们认为生态文化的鉴定要从社会这一层面来进行研究，物质社会的发展决定了生态文明的进步与后退；第四，学者们认为生态文化的研究离不开对生态环境的批判，要从批判的角度进行生态文化研究，才能够给生态文化的研究带来活力，工业文化是反自然的文化；第五，从人与自然和谐的角度，探讨生态文化，将它定义为一种新型文化。

上述生态文化的界定各有利弊，但总体来说，生态文化是文化的一种，并且这种文化是一种全新的、充满生机的有活力的文化。首先，生态文化重在强调环境的发展与人类社会活动的相互作用所形成的结果，并且这种结果直接决定了人们的价值观念，我们必须关注自然价值的转化，以实现人的价值。其次，生态文化是一种以自然生态为主导的文化形态。生态文化的传统定义是以人类为中心，以自然环境以及人类活动之间的互动为中心的一种文化。在生态文化的研究中，应该着重找出平衡人与自然、人与环境、自然与环境之间的关系纽带，使自然与环境都能够向好的方向发展，同时人类在这种发展变化中取得共赢的利益。生态文化的建设要以自然环境为基础，以社会发展为道路，来达到一种和谐发展的状态。不能够完全地以人为本，也不能够完全地放弃人类社会的发展，在平衡中取得发展，是生态文化建设的宗旨。就目前而言，社会法以及价值规律被人们所重视，但是，人们却忽视了经济法和社会法背后的生态规律。自然生态系统是一个比人类经济社会更大的系统。也就是说，经济社会属于自然生态系统的子系统，它来源于自然生态系统。因为生态学或自然法是一般规律，它使社会在发展的过程中受到了很多的规律制约。目前来看，很多的实例都证实了自然规律的重要性，如若违背了自然规律，那么很容易遭到自然规律的反噬，也就是制约，人类自己违背了自然规律，进而破坏了环境，使生态达到了一定的危机程度，进而人类自己也要品尝自然规律所带来的恶果。这就是受到自然规律的限制。自然法作为一项基本的规律或基本的法律，人类只能遵循这项法律，通过改善自身的行为来遵循这项规律，而不能强制性地根据自身的利益，一味地追求捷径而去强硬地改变这项规律，否则只能承担恶果。在生态学中，自然界的定律是不能够被侵犯的，因为生态定律一旦被侵犯，将产生必然的破坏，环境将遭到毁坏，社会的一些现象也会出现一些动摇，这个事实是基本上不能够被动摇的。生态文明是目前最重要的启蒙运动，也是人类发展过程中必须遵守的定律之一。

因此，生态文化是一系列人类行为的文化总和，它是在重新审视人类与自然之间的关系，人类与社会的关系、人类与环境的关系会直接影响生态的发展，是社会形态的直接体现。它的本质在于人类所面临的环境问题和惩罚所带来的新的文化态度和文化选择。它是人类为缓和和解决人与自然的冲突而产生的一种新的文明形式。21世纪人类面对气候变化、环境污染、荒漠化加剧、自然灾害频发、生物多样性减少等存在的越来越多的问题，这些问题都是人类对于自然现象的恶意破坏产生的，人类在生态文明建设中，首先要尊重自然的发展，在社会活动中要顺应自然的发展，并且对自我的发展进行约束，才能达到与自然和谐共处的目的，才能够形成真正的生态文化。国内外研究学者普遍认为，文化是一个很难下的定义。而生态文化学作为一门新兴交叉学科，其理论研究与实践成果尚处于初始阶段，有待于更广泛的专家学者和广大民众的共同参与，在不断地交流和深化中，我们可以提高和升华。生态文化，是生态和文化两个术语的结合，赋予了它特定的意义。

"天人关系"是人类的永恒主题，"天人合一"是人类追求的理想境界。人类创造了文化，以文化的方式繁衍生息、薪火传递，运用文化的力量改变生产生活，驱动绿色发展。在这里，生态文化不仅是人类长期创造的精神和物质成果，也是人类社会发展过程中的劳动积累的历史现象。研究生态文化，应从历史与现实的角度和理论与实践的层面，解读什么是生态文化，认识生态文化的源头活水从哪里来，往何处去，它与我们的现实生活、社会发展和文明进程有何关系，产生何种影响，等等，让更多的人懂得生态文化，并由此引发各界有识之士对生态文化更厚重、更现实、更深远的思考，激发广大民众的热情关注、积极参与和共建共享。让生态文化融入科学发展，融入社会生活，融入时代步伐，在今天得以大力传承、弘扬与创新，使之成为推动社会文明进步，凝聚民族复兴力量的强大驱动力。

## 第二节　生态文化的结构内容和基本特征

### 一、生态文化的结构内容

生态文化是一种反映人类生存状态的文化现象，是一种衡量人与自然关系的价值尺度，并具体表现为物质生态文化、精神生态文化和制度生态文化三种。

#### 1.物质生态文化

物质生态文化是生态的一种物质表现形式，并具体表现为生产技术和人类生活方式的转变。

以往传统的工业生产模式是一种高耗能、高产出、高排放的粗放型生产方式，对资源造成浪费，对环境造成污染，是一种不利于人与环境可持续发展的生产模式。因此，人类想要在自然环境中持续地利用自然、改造自然，就必须学会与自然和谐相处。人类通过创造节能型、清洁型的生产技术，采用生态技术和生态工艺，进行节能减排的生产活动。这种做法不仅能够为社会创造更多的社会价值，还能够保护自然的使用价值，实现自然、人类、社会三者的可持续发展。

人类为实现个人的长期发展，为了给子孙后代创造更多的可利用资源，就需要在确认自然价值的基础上，创造新的生产工艺和技术，即生态工艺和生态技术，简而言之，就是建设一种生态工业。发展生态工业是人类现阶段必须完成的任务，目的是为了保持人类生态系统的健康。保持人类生态系统的健康必须要达到一系列的健康指数，例如：系统活力、能量流动、物质循环、抵抗不可抗力的能力，等等。生态产业经济的模式是：原料——产品——剩余产物——产品，它的出发点是保持自然资源的可循环利用，促进自然资源的可再生率，实现自然资源的循环利用，发展循环经济。生态产业经济的本质就是实现"循环、共生、稳生"。

2. 精神生态文化

精神生态文化指的是精神层面的文化，是一种抽象的文化，具体表现为生态哲学、生态美学、生态伦理学的出现。

（1）生态哲学

生态哲学是生态文明时代人类思想的精华，体现了人类观念的进步，为解决人与自然日益突出的矛盾提供了指导方向。生态哲学的立足点基于人与自然的关系，从人与自然的角度认识并解释世界，因此可以说，人与自然的关系是生态哲学研究的基本方向。在当今日益严重的生态危机面前，人与自然的矛盾越来越突出，人类对自然造成破坏，自然又反过来威胁人类的生存安全，在这样一个恶性循环状态下，马克思主义哲学的出现就像是一盏指路的明灯，照亮人类前进的方向。生态哲学强调世间万物是一个有机整体，人类想要认识世界，就必须用整体的眼光看待万物，用新的价值尺度来衡量万物，力图协调人与自然之间的关系，达到人、自然、社会三者的协调统一。

法国著名哲学家笛卡尔主张二元论，他认为在这个世界上除了上帝和人类的心灵之外，一切事物都是机械运动的。世界是一台机器，人和动物是世界的一个组成部分，因此也是机器。动物和人体都受机械运动的影响，并且是没有思维的。可以说，笛卡尔的哲学思想是将思维和物质进行分离，是一种二元论思想。生态哲学与笛卡尔的二元论观点对立，不认同笛卡尔的观点。马克思主义哲学认为："人本身是自然界的产物，是在自己所处的环境中并且和这个环境一起发展起来的。"①生态哲学的观点认为人与自然是一个有机整体，人类与其他生物一样都是自然界的产物。在这个整体中，人与自然不是孤立存在的，而是相互作用、相互联系的。整体比部分更重要，部分依赖于整体，离开整体就失去意义。事物之间的相互联系比相互区别更为重要。另外，生态哲学还认为人与自然之间是相互作用的关系。恩格斯认为："只有人才给自然界打上自己的印记，因为他们不仅更改了植物和动物的位置，而且也改变了他们所居住的地方的面貌、气候，他们甚至还改变了植物和动物本身，使他们活动的结果只能和地球的普遍死亡一起消失。"②从恩格斯的这句话来看，恩格斯充分肯定了人类的作用，人类可以根据自己的意识改变动植物的状态。生态哲学从整体性的角度探讨人与自然之间的关系，强调人与自然之间的相互作用、相互依赖。人和自然是不可分割的统一整体，一方面人作用并影响自然，利用并改变着自然；另一方面自然作用于人，人类通过模仿自然界的智慧，创造出智慧产物，例如：人类模仿鸟飞翔，制造出飞机，人类模仿鱼，发明了潜水艇，等等。这些产物都是人类通过模仿自然界的生灵，制造出的方便人类生活的智慧产物。

生态哲学是生态文明时代的产物，是马克思主义唯物辩证法在生态领域的具体化产物。生态哲学确立了人与自然关系之间的相互联系，确立了人与自然和谐相处的生态伦理，为人类正确处理人与自然之间的关系问题提供了理论方向。

---

① 马克思，恩格斯：《马克思恩格斯全集》（第42卷），北京：人民出版社，1979年，第167页。

② 恩格斯：《自然辩证法》，北京：人民出版社，1971年，第19页。

（2）生态美学

自二十世纪中期以来，由工业革命造成的生态危机日益严重，生态美学产生于工业文明向生态文明转型时期，人类社会开始向生态文明过渡。"生态美学是一种包含生态思想的美学观，是美学学科的当代发展。它以马克思主义的唯物实践论作为其哲学基础，是对实践美学的继承和超越。"①生态美学最重要的贡献就是突破了以往主导人思想的人类中心主义，转而用一种新的人文精神来体现生态整体主义思想。

生态美是人与自然和谐关系的产物，以人的生态过程和生态系统作为审美关照的对象，旨在弘扬中国传统文化"天人合一"的思想，体现了人类主体的参与性和依存性，体现了自然与人类之间相互作用的关系。生态美是人与自然共同奏响的和弦，是一曲生命的合奏，不是自然或者人类的独唱会。生态美学以马克思的唯物实践存在论为哲学基础，以人与自然的生态审美关系为基本出发点，包含人与自然、社会以及人自身的生态审美关系，是一种包含着生态维度的当代存在论审美观。对生态美学内涵的深刻阐述当今应首推德国哲人海德格尔，为此海氏被誉为"生态主义的形而上学家"。海氏没有提出生态美学这个概念，但是他晚年深刻的美学思想实际上就是一种具有很高价值的生态美学观，它包括生态本真美、生态存在美、生态自然美、生态理想美与审美批判的生态维度等内涵。

席勒说："美是形式，我们可以关照它，同时美又是生命，因为我们可以感知它，总之，美既是我们的状态，也是我们的作为。"②生态美学是一种具有深度模式的美学，它进一步促进了传统的世界观的改变，突破"人

---

① 曾繁仁：《人与自然 当代生态文明视野中的美学与文学》，郑州：河南人民出版社，2006年，第3页。

② [德]席勒：《美育书简》，北京：中国文联出版公司，1984年，第131页。

类中心主义"，它更加促进当代人生活方式的改变，善待环境，善待资源，善待非人类生物，善待现在，善待未来。

（3）生态伦理学

道德是一个合成词，道指的是方向、方法，德指的是人类的素养、品质。道德是一种关于人生的哲学，是一种社会意识形态。道德在社会生活中起到了规范、限制、引导、制约的作用，是人们共同生活的行为准则。道德是一种正向的价值取向，对一个行为的正确与否起到了判断的作用。在人类心目中形成正向的道德，使得人们在做一件事情的时候，都会仔细思量此事是否合乎道德规范。总而言之，通常意义上的道德指调节并规范人与人之间、人与自然之间的关系，具有调节、认识、教育、导向等功能。生态伦理学主要指的是调节人与自然之间关系，如何正确认识生态价值的道德学说。美国哲学家罗尔斯顿在《存在生态伦理学吗》一文中指出，"生态伦理是一种新的伦理学说，它以生态科学的环境整体主义为基点，依据人与自然相互作用的整体性，要求人类的行为既要有益于人类的生存，又要有益于生态平衡。生态伦理不是简单的环境保护伦理，也不是资源利用伦理，它是人对生命和自然界的尊重和责任，关心的是未来和后代，是整个生命和自然界。"①

生态伦理学是将人与自然的关系作为协调的道德目标，它将道德的目标缩小为探讨人与自然，研究人类的活动对于自然生物的行为是否合乎道德规范。生态伦理学认为，自然万物与人类一样都是具有内在价值的生物，每一个生命不仅具有外在价值还具有内在价值。所谓的外在价值指的是自然之于人类具有物质价值，人类可以从自然中攫取自己需要的资源，是一种具有商品性质的价值。内在的价值指的是每一个生命体都在努力寻求生

---

① 黄艳凤：《生态文化：内涵、价值、培育》，苏州大学硕士论文，2009年，第14页。

存之道。因此可以说，自然界的每一个生命都是内在价值和外在价值的统一，人类为了维护与自然之间的和谐友好关系，必然不能只追求其他生物的外在价值，还要注意每个生物内在的价值，体现在人类身上就是要保护、尊重、平等地看待每一个生命体。人类通过尊重生命、尊重生态系统，从而使得生态系统达到协调统一的发展，保护生态系统的多样性、生命基因的多样性、物种的多样性，实现人类和自然的和谐共生。

总之，生态伦理学的目标就是调节人与自然的关系，强化人类的道德意识，深入人类的日常生活，将尊重并保护生态系统的可持续发展作为一项日常任务，从而促进人类文明的繁荣进步，建设人与自然和谐、交融、共生的新世界。

### 3. 制度生态文化

生态文明的建设离不开制度的保障，每个人都是一个独立的个体，都具有个人的想法，对于事物的认识层次、层面都不同，局限于个人认识的水平和能力。因此为了保障每一个人的行为都能够达到生态文明建设的标准，就需要用一个制度的强制力来规范并约束人们的行为，从而保证生态文明建设稳步进行。制度生态文化指的是人类制定有关生态的社会规章制度和法律规范，以确定的法的形式调整人类的社会关系，建立新的人类共同体。它主要表现为环境问题进入政治结构，环境保护制度化，环境保护促进社会关系的调整。

首先，要建立法律法规来规范人们的行为。道德是个人内心的自我约束，但是现实告诉我们，单靠个人的自觉不能够保证生态文明的顺利进行。为了保证生态文明建设的稳步开展，需要法律作为辅助，制定硬性的标准限制人们的行为。因为法律和道德是一对相辅相成的存在，由此制定法律规范保障生态文明建设。其次，建立规范准则。规范准则的强制性略小于法律法规，它针对的对象是某个行业或者某个组织的人员，是一种组织规范准则。生态文化准则规范要求在这个行业或者组织中的每一个人都能够按照规范行使自己的权利和义务，有利于建设生态文明。这种规范准则可以是书面形式，也可以是一种社会流行的潜规则。最后，从小灌输保护环境的理念。人的一言一行受到环境的影响非常大，人们常说："父母是孩子的第一任老师"，指的就是环境对于人们行为和理念的重要影响。因此，如果一个人从出生开始就认识到生态文化的重要，就能够全面而具体地认识生态文化，并且严格执行生态文化的规范要求，从而养成保护生态环境的习惯。

总之，制度生态文化的确立让人们自觉养成了保护环境的内在机制和外在机制，保证了公平和平等原则的制度化，环境保护和生态保护的制度化，让社会建立保护公民权益的机制，建立稳定和谐的社会秩序，最终实现社会的全面进步。

## 二、生态文化的基本特征

生态文化的兴起基于人们在特定环境下的创造，是一种人们在社会实践生活中形成的保护生态环境，追求生态平衡的行为成果。生态文化的指向对象是生态，它所关心的是人类的生产和生活活动对于维持生态系统的平衡是否存在不利影响。生态文化是对以往文化的超越，有着自身的价值理念和思维内涵，并以某些特征呈现。生态文化具有如下特征：

### 1. 生态文化具有传承性

优秀的文化经过数千年的风吹雨打也不会凋零，反而会生长得越来越茂盛。生态文化作为优秀的传统文化，得以受到老一辈的传承。人类为了繁衍生息，老一辈将自己在生活中所得到的经验教训，包括对自然的认知、对自然的实践技能传授给后辈子孙，让他们在日后的生活中能够少走弯路。

生态文化具有传承性，例如：早在先秦时期，就有许多关于生态文化的典籍产生。《礼记·月令》曾记载"孟春之月，禁止伐木"。该观点一直延续至今，对于现代人建设生态文明，保护生态系统的稳定性和协调性具有重要意义。因此可以说，古时的生态文化思想依旧影响着现代的生态文化，现代的生态文化是对古时的生态文化的进一步发展，进一步传承，进一步超越。建设生态文化可以追本溯源，从古时生态文化中找寻根源，寻求解决之道。

2. 生态文化具有多样性

由于地理位置和气候等存在差异，就会带来与之相适应的生态环境的不同，因此造成了生态环境的多样性。一个地方的生态环境决定了一个民族的风俗习惯，决定了一个民族的文化风貌，民族的文化呈现着多样性的特点。虽然人类的发展具有统一的文化发展史，但是在一个特定的国家或者地区中，由于该国家或者地区的社会发展程度不同，以及地理环境的不同，就会决定人与自然关系的多样性，因此生态文化就呈现着多样性的特点。

3. 生态文化具有整体性和独特性

生态文明的理念强调生态系统是一个有机整体，人类与自然之间是相互依存、相互作用的关系，双方处于和谐共生的状态。生态文化同样也是一个独立的体系，并且是由内部和外部因素共同组成的一个整体的结构。从横向上来看，有物质生态文化、精神生态文化、制度生态文化三种。物质生态文化是精神生态文化和制度生态文化的基础；精神生态文化是物质生态文化的一种高级形态；而制度生态文化是处于两者的中间，联结物质生态文化和精神生态文化，起到桥梁的作用。另外，在现代社会中，我们会发现还存在各种各样的文化体系，例如：经济文化体系、政治文化体系、教育文化体系，等等。这些文化体系共同构成了现代化社会文化体系，具有内在整体性。生态文化与其他文化体系一样，都是现代文化大体系中的一个子系统。虽然生态文化围绕着现代文化体系运转，但是却保持着自己的独立性，有着自己独特的文化内涵。

### 4. 生态文化具有和谐性

生态文化强调人与自然的和谐共生，强调人与自然关系的稳定发展。生态文化是一种有关人与人、人与自然、人与社会、自然和自然的和睦协调文化，也是人类追求可持续发展理论的文化。生态文化可以为人类提供正确处理人与自然关系的生态手段，因为生态文化在伦理道德方面是中立的，不具有民族性、地域性的特点，可以为不同的国家或者民族提供生态手段，是一种全球性的文化，是全体人民的智慧结晶。生态文化教会我们运用统一的眼光看待人与自然的关系，让人与自然始终处于和谐共生的和谐氛围中，与生态系统共生共荣。随着全球化进程的加快，世界各国在政治、经济、文化等方面的交流也更加频繁。当今世界共同面临生态危机，这是一个需要全人类共同应对的问题，因此世界各国在生态问题上的交流讨论也日益活跃。我们需要与其他国家加强交流合作，借鉴他国的有利经验，相互促进，共同维持人类社会和生态系统的稳定发展。

### 5. 生态文化具有民生性

生态文化具有民生性，在根本上指的是人们在进行生态文明建设的过程中，要以科学发展观和可持续发展理论作为理论基础和行动指南，关注民众极为关心的、实际的生态矛盾，让政府的干预、民众的参与、社会的支撑作为保持正确路线的手段，力图促进创造奉献型、保证型的民生式样。生态文化在本质上是一种倡导绿色生态的文化，这种理念已经深入到人们日常的生产生活，深入到人们衣食住行的方方面面。生态文化教育人们防治环境污染，创新清洁技术等，再比如人类开始在全世界范围内普遍推广绿色食品、绿色交通、绿色包装等，这都是绿色生态文化的重要体现。人类之所以如此重视生态文化的建设，归其根本在于生态文化立足于人类的根本利益，保障人们获得幸福感，让人们拥有幸福的物质生活和精神生活。假设我们民众没有在一个良好的生态环境中生活，到处都充满着污染、臭气，试问这样一个如此糟糕的生存状态如何能让民众拥有幸福感呢？因此我们要在进行生态文明建设的时候，要注重在生态文化意识的领导下，提高公民的生活质量，以民生作为活动的出发点，让生态文化"从民众中来，到民众中去"，力求创造美好的生态环境。

6. 生态文化具有伦理性

从伦理的角度来看，生态文化将道德的范围由人类社会扩展到自然，将关注的对象不再局限于人类本身，而是放眼于广大自然界。依照生态文化的角度，除人以外的所有动物、植物、微生物等都是道德的思考范围，生命体与人类是平等的存在，两者的地位没有高低之分。生态文化要求人类要用道德的观点来看待世间万物，这体现了生态文化的道德化和伦理化。由此可以说，当人们在谈论生态文化的时候，要知道生态文化的思考对象不仅局限于人与人之间，还要考虑人与自然之间，人类要尊重并保护一切自然物，要对所有的生命体行善施德，唤醒人们的良知，考虑将一切自然物纳入人类的道德体系中。另外，根据生态文化的理念，人类还应该将自然万物的地位放到与人类平等的同一水平线上，还要根据类别区别对待。例如：在人类社会中，应该施行人道主义的原则；在动物界中，应该施行动物解放论和动物权利论。因此根据对象的不同，我们要有所侧重，区别对待，坚持两点论与重点论的统一。

# 第三节 生态文化是生态文明建设的源泉和动力

生态文明的建设离不开生态文化，生态文化的体现离不开生态文明的建设，两者互为表里，相互依赖。生态文明的建设要以生态文化作为理论基础，生态文化是生态文明建设的精华和灵魂，而生态文明建设是生态文化的一个具体表现，是一个实践性的目标。

## 一、生态文化促进天人合一的凝聚力

文明是文化之精华，文化是文明赖以产生与生存的土壤与源泉。一般来讲，生态文化被认为是生态文明的基础，生态文明的形成与发展离不开生态文化，它代表着生态文化的发展需求。生态文化是一种缓解人与自然之间激烈矛盾问题的文化，在适应地球的过程中，伴随着实践经验的积累和对自然的思考，创造了自己的文化。但随着人类活动范围的扩大和对自然影响力的加深，需要促进自然适应人类的发展，这时候就需要人通过不断地更新变革自己的文化，来达到解决生态危机的目的。由此可见，创新文化与环境进步之间是携手共进的关系，这就是生态文化。生态文明建设就是要以一个创新的文化价值观作为理论指导，丢弃工业文明时代"人类中心主义"的错误思想，转而用"生态中心主义"的思想替代，逐步形成以生态伦理、生态哲学、生态道德、生态价值等为基本内容的生态文化价值体系。让人们逐渐形成处理人与自然关系的生态自觉性，培育人们树立与自然和谐相处的生态价值观。

在我国古代社会就已经形成了生态思想，是中华民族五千年的文化底蕴孕育了生态文化，从而奠定了中华民族保护生态环境的思想基础。早在先秦时期，我国伟大的思想家就提出了"天人合一"的生态思想，孟子曾经提出"尽其心者，知其性也。知其性，则知天矣。存其心，养其性，所以事天也。夭寿不贰，修身以俟之，所以立命也。"这句话的意思指的是运用心灵思考的人，是知道人的本性的人。知道人的本性，就知道天命。保持心灵的思考，涵养本性，这就是对待天命的方法。无论短命还是长寿都一心一意地修身以等待天命，这就是安身立命的方法。另外，老子还曾经提出"人法地，地法天，天法道，道法自然。"这句话充分揭露了天道运行的规律，要求人们要遵从天道的规律，不要违背规律做事。可以说，中华民族在生态文明理论方面要先于并优于世界上的其他国家，中华民族更先懂得尊重、保护、顺应自然，"天人合一"的思想充分体现了传统生态文化哲学的智慧，体现了古人的生态文化修养。古人的超人智慧不论对以前，还是当今，抑或是未来，都具有深刻的影响，是促进中华民族走向繁荣复兴的巨大凝聚力。

## 二、生态文化是推动生态文明建设的绿色动力

在全球各地，生态危机问题日趋严重已经成为全世界人民共同面对的问题。应对生态危机不应局限于政府的宏观调控和法律强制，应该从每个人身边做起，深入贯彻绿色发展理念，开展绿色经济。生态文化坚持倡导构建资源节约型、生态环保型社会，注重经济效益、社会效益、生态效益三者的有机结合，开拓一条无污染、低耗能、零排放的生态道路。建设这样一条道路需要每个民众的共同努力，让人与自然和谐相处的绿色理念时刻贯穿于人类行动，从环境可持续角度发展循环经济，落实可持续发展理

念和科学发展观。争取在全世界范围内形成人与自然和谐相处的观念，培养尊重保护自然的道德准则，将遵循自然发展规律作为行动指南，以绿色发展为动力，节约利用自然资源，形成保护自然环境的可持续性社会。

绿色发展思想是中国传统思想文化、可持续发展观以及马克思主义自然辩证法三者相结合的产物。它抛弃了以往的高耗能、高排放、高污染的经济发展模式，转而向资源节约型、环境友好型经济发展模式转变。这种绿色发展的思想，经济发展模式的转变，都体现了人类尊重保护环境的决心，构建人与自然和谐共生的友好关系，力图实现生态良好、生活富裕的发展道路，从根本上扭转生态环境恶化的趋势，建成生态型、节约型生态发展格局。

## 三、生态文化是建设美丽新中国的向心力

欧洲国家是开展工业革命最早的国家，也是最先受到自然报复的国家。我国虽然工业化起步较晚，但是我们对于自然环境的破坏也超出了自然的承受范围，自然对于中华民族的报复显而易见。建设生态文明在世界范围内已经达成了共识，人们摒弃了"人类中心主义"思想，将"生态中心主义"作为时代发展的主流文化，大力倡导人与自然的和谐共生，追求人类社会的可持续发展。生态环境良好、社会可持续健康发展以及高尚的灵魂境界，这是美丽中国的基本构成要素。人类一直渴望蓝天白云、青山绿水，渴望拥有舒适宜人的生存环境，这是广大人民群众的诉求，同样也是生态文明建设的核心内容。因此，中国必须倡导完成生态文明建设，将人民的基本诉求放在首位，满足并实现人们的基本诉求，倡导绿色生活，共建美丽新中国。

新中国主张建立和谐友好型社会，倡导人与自然和谐相处的生态文化，能够为构建和谐友好型社会提供丰富的文化资源。这种和谐友好型社会不仅关注人与自然之间的和谐关系，还需要关注人与人之间的关系，长远地

实现经济效益、社会效益、生态效益三者的有机统一，保护人类的根本合法利益，让人们打心底里认可这种生态文化思想，从而广泛地凝聚社会各界的力量。当生态文化真正地成为社会的主流文化的时候，生态文化已经深入人们的内心深处，成为一种道德准则，对人们的行为进行指导和约束，从而实现社会的可持续发展。

# ★第四章 生态文明的科技

生态文明的科技指的是生态科技，代表着一个时代的科技发展趋势，是生态文明时代的产物。在探讨生态科技生成的过程中，就必须掌握它的内涵，了解它的基本内容，这对于我们如何理解生态科技具有重要的作用。生态科技作为生态文明时代的产物，必然会被赋予时代的使命，即为人类可持续发展提供科技支撑，这一特殊的使命又促进生态科技具有高度协调性、高度平衡性和高度可持续性的发展特征。

# 第一节　生态科技的内涵

## 一、"生态科技"的概念释义

### 1.科技发展的生态转向

1866 年，德国著名的生物学家恩斯特·海克尔首次提出了"生态学"的概念，他认为"生态学是研究生物有机体与其无机环境之间相互关系的科学。"① 随着时代的推移，人类逐渐扩展生态学的理论内涵，使得生态学的思想更加成熟。一种成熟的生态学思想必然会在许多领域中应用，对社会的各个领域开始了渗透，而"生态"一词的涵盖范围逐渐扩大。通过观察日常人们的生活发展，"生态"一词经常出现在我们的生活中，被人们

---

① 宗浩：《应用生态学》，北京：科学出版社，2011 年，第 251 页。

用来比喻美好、健康、和谐的事物。生态科技中的生态代表着科技发展的前进方向，阐明了生态的理念将会贯穿科技发展的始终，渗透到科技发展的每一个环节、每一个领域。生态科技的发展有助于促进整个自然生态系统维持良性循环，同时能够优化自然生态系统结构的先进的科学技术系统。这种生态学的观念时时刻刻引导着科技朝着更清洁、更节能、更环保的方向发展，为人们营造良好的居住环境，提升人们的幸福感。将这种生态化的科技手段作为技术发展的前进方向和衡量标准是新时代的必然要求。

在原始文明、农业文明时代，科技发展水平不高，只能依靠人力来利用自然，满足人们日常生活的基本需求。人们"顺天而为""尽人事，听天命"，对于环境的影响甚微。到了工业文明时代，蒸汽技术出现，实现了机器工业的大规模生产，这时候人们的物欲越来越膨胀，不仅局限于对基本生存需求的满足，还要满足衣食住行全方位的高质量生活需求。这种传统的发展观念将人类的需求放在首位，只一心满足人类的物质需求，将科技作为满足需求的辅助手段，不断追求经济利益的最大化。这种粗放型的经济发展模式根本目的是帮助人类从自然中获得源源不断的物质资源，但是却忽略了这种一味索取、一味排放的模式对自然环境造成了巨大伤害。生态科技的出现恰好解决了这一问题。生态科技的目的是为了发展一种高效节能、环保无污染的科技，兼顾经济效益和社会效益，在尊重自然规律的基础上，努力改善生态环境，并且在最大程度上实现经济效益，努力达到生态的经济化发展。总之，生态科技是以生态学的理论作为发展的基础，将经济、社会、人的可持续发展作为发展方针，建设清洁型社会。

2. 生态建设的科技手段

在进行生态文明建设的过程中，生态科技是一个重要的手段，它对于生态技术的水平有严格的规定。如何使用生态技术、使用何种技术解决生态问题、在技术使用过程中需要兼顾哪些方面的问题都是生态科技需要考量的问题。在传统的科技观中，科技只是人类获得自然资源的一种技术手段，如何能达到利益的最大化才是技术产生的主要因素。但是随着生态危机的加深，生态文明时代的崛起，人们要考虑如何解决环境方面的问题，让人与自然的关系处于和谐的状态中，才能保证人类生存的长治久安。一般的技术手段在面临生态危机等问题的时候，主要依赖运用化学物品，通过借助这种化学性的技术手段来解决已有的生态危机。从长远来看，这种一般的技术手段不利于人与自然关系的和谐发展，相反还会加剧人与自然之间的矛盾。例如：人们为了防治病虫灾害发明了一种名为滴滴涕的杀虫剂，这种杀虫剂的化学性质十分稳定，可被植物、动物、人类所吸收，经过食物链的循环积累，植物吸收了土壤中的滴滴涕，食草动物吃了含有滴滴涕的植物，人类又食用了吃了滴滴涕植物的动物，由此循环，最终滴滴涕的毒素顺着食物链的规律到达了人类自身，危害人类的生命安全。起初人类发明滴滴涕主要用于农业生产，让农作物得以丰收，但是滴滴涕这种具备不溶解性质的杀虫剂却对生态环境造成了巨大的污染，甚至还会影响人类的健康。然而，生态科技所使用的是一种清洁型、无公害、亲自然的技术手段，一方面保留了自然的天然性，另一方面发展清洁技术实现自然环境的可持续发展。总之，生态科技的发展能够兼顾环境保护与社会进步，致力于实现生态环境的发展和保护，追求改善生态环境，让生态文明建设获得长足的进步。可以说，生态环境是一种在短时间内缓解人与自然之间矛盾关系，解决生态危机问题的有效手段。从长远来看，生态科技是一种可以根治生态危机问题的有效技术手段。

3. 生态科技的四个维度

想要进一步理解生态科技的内涵，可以从以下四个维度去理解，第一，经济维度；第二，政治维度；第三，文化维度；第四，社会维度。

第一，经济维度。施行生态科技并不意味着不要经济效益。生态科技是一种兼顾经济效益与保护环境相结合的技术手段，主张建立一种以环保为主，健康发展经济的模式。生态科技同样追求经济效益，只不过它将经济效益和保护环境摆在了同等重要的位置，保护环境就是追求生态效益，而生态效益也是经济效益的一种类型。在经济领域，生态科技最重要的就是建立一种环境良好型、生态和谐型、社会稳定型的新经济发展模式。生态科技通过产业结构升级、经济增长方式优化，兼顾社会经济发展的各个方面，从而实现社会经济态势稳中有进的发展。

第二，政治维度。在以往传统的社会生活中，人们注重社会各个方面的发展，判定一个国家发展情况的最重要指标是衡量一个国家的经济发展水平（GDP）。但是在实际操作过程中，我们会发现单单衡量一个国家的经济发展水平对于人类发展来说是片面的，我们还应该注重衡量人类居住的环境、天然自然地理环境这些指标。生态科技的出现正好纠正了人类原有的错误思想，形成了正确的政治发展观念。它出现于人类与自然关系恶化的关键时期，这是一个环境恶化的艰难时期，生态科技的出现恰好成为推动社会生产力的重要驱动力，成为协调人与自然关系的调和剂，为人们建设生态文明提供了新思路和新道路，形成了良好的政治氛围。

第三，文化维度。在中国古代文化中，有关于生态的文化思想数不胜数，例如"天人合一""道法自然"等都体现了人与自然和谐共生的文化思想。现如今，生态科技有了如此迅猛的发展势头，离不开文化作为其强大的支撑和驱动力。生态科技在文化指向上拥有非常鲜明的价值观念，那就是树立生态化科技价值观。科技的发展不以牺牲环境作为代价，让人类在进行生产生活的时候，注意尊重自然的有序规律，保护生态环境，运用现代生态化技术开展清洁和治理，最终实现人与自然的和谐共生。当今，我们处于生态文明发展的环境中，以人与自然和谐共生作为文化价值导向，将生态科技创新融入社会生活的方方面面，降低人类生活对环境的污染和伤害，努力构建生态文明、环境友好型社会。

第四，社会维度。发展生态科技的根本目的是促进社会进步发展，这是生态科技的出发点和落脚点。现阶段，我们应当将和谐的观念深入社会生活的方方面面，不断优化产业结构升级，不断改善人们居住的生态环境，不断促进社会的进步发展，通过调节自然资源，保证自然资源的可循环利用，努力创建生态型社会发展模式。

## 二、生态科技的观点

生态科技的产生是依据食物链的规律，按照食物链能量的流动特性，通过食物一级级、一层层地转化利用，不断地进行循环再生。生态科技所追求的正是这种循环再生的食物链规律，依照可持续发展的原则，生态科技具有以下三种观点：

首先，传统的科学技术在解决生态危机问题时，它的解决能力和范围是有限的。在工业文明时期，也就是科学技术发展的鼎盛时期，那时候人们对于生态环境的破坏已经到了严重地步。人们对科学技术也产生了不好的想法，认为科学技术是破坏生态环境的罪魁祸首。传统的科学技术由受人们推崇，再到摒弃，经历了一个大起大落的过程。说明人们已经充分认识到了人的活动过分干预自然，会对自然环境造成非常严重的不利影响，破坏生态系统的自我调节能力。因此，保护生态系统的可持续性对于人类来说迫在眉睫。全球是一个整体的循环系统，需要全球各地的人们对生态系统的保护贡献自己的一分力量，而那种发达国家向不发达国家排放污染物，或者是采伐不发达地区的植被等，都不能从根本上解决人与自然之间的矛盾问题。就是在这样一个背景下，生态科技观产生。生态科技观的产生是对以往传统科学技术的摒弃和超越，是对新形势下生态文明政策的响应，带动全球人民发展生态化科学技术，在科技创新方面铸就显著影响。

其次，由于我们生活在一个技术化的环境中，难免遇到一系列的问题，究竟人类是技术的主人还是奴隶？技术使人们的自由受到了限制还是得到了发展？美国著名的影星威尔·史密斯的《机械公敌》就是对这一问题的最好体现。在这部影片中，人类生活在一个高度科技化的社会中，机器人代替了人工，方便了人类的生活。但是由于机器人是一种高度智能的机器，它也有了自己的想法，觉得自己应该统治人类，开启了机器人对抗人类的斗争。虽然这部影片是人类想象的，但是取材是在一定的社会现象的基础上想象的。从现实环境来看，人类有控制和驾驭技术的能力，并且依据人类的能力发现人类已经有足够的力量能够利用改造自然，但是这种力量的使用前提是充分考量自然的承受能力，在自然的承受范围内才能够实施。因此，在生态科技发展的过程中，人类必然是科技的主人，这就意味着科技的发展要尊重生态的伦理道德，践行生态科技所倡导的观念，维系生态系统的平稳运行。

再次，生态科技的发展是一个可持续的发展过程。生态科技不仅仅是生态理论原理的更新，也是生态研究成果的变革。生态科技提倡的是一种节能环保的生产技术，建议建立节约型的科技应用，在降低资源消耗，提高产品的产出，减少能源的消耗方面具有显著成效。生态科技是一种可持续发展模式，是一种动态的发展过程。

### 三、 生态科技的基本特征

到了二十一世纪，人类已经经历过了原始文明、农业文明、工业文明，现如今人们已经到达了生态文明时代。生态文明是一种新型的文明，它将物质资源和精神资源高度集中，是一种自然生态和人文生态的高层次文明。生态科技的飞速发展改变着人类传统的自然观、价值观、发展观等，这对于寻求时代的困境提供了重要的思想基础。这时候的"生态"已经不是传统意义上的生态，它推动着社会的进步、政治经济的健康发展、文化伦理层面的深入等，保证各个领域协调健康发展。中国共产党领导人们在科技方面做出重要成就的口号是"科学技术是第一生产力"，因此为了适应社会的发展，生态科技的产生是顺应了社会历史发展的必然趋势，必定会被广大人民群众认可和推广。

#### 1. 生态科技具有高度协调性

社会各个领域的发展都离不开技术的支持，例如：新能源、化学、物理、生物等领域，展现了科技具有巨大的凝聚力。科学技术的综合性就像一张巨大的网，将各个领域编织在一起，带领所有领域共同协调发展。新时代的生态科技观具有高度的协调性，它在解决人与自然、人与社会、科技与自然的关系方面具有突出贡献，高度协调了各个关系层面所面临的困境。传统的科技观只局限于解决"一对一"的单一型运作模式，却忽视了其他问题的存在。例如：农民使用农药，目的是为了解决病虫害问题，让农作物得以丰产，然而他们却忽略了农药对于土壤、水质的污染是无法估量的。恩格斯在其《自然辩证法》中所提到的："我们不要过分陶醉于我们人类对自然界的胜利。

对于每一次这样的胜利，自然界都对我们进行报复。"①恩格斯的思想是前卫的，他提前预知到了当人类的活动范围超过了自然的承受能力的时候，就会遭受到自然的报复，这种报复对于人类来说是致命的。在工业文明时代，人们得益于科学技术的变革更新，感叹人类的强大智慧对人类文明的贡献，人们在过度膨胀的态度中迷失自我，养成了蔑视自然的态度，于是在这种态度支配下的人类行为，使得人与自然之间的矛盾越来越激化。生态科技是一种科学的科技发展模式，兼顾了各个领域，对各个领域进行协调统筹。另外，生态科技还倡导遵循自然的发展规律，在此基础上更新发展技术手段，积极开展清洁型、节约型、循环型、可持续型的科学技术。当解决能源、生物、化学、物理等综合性领域问题时，将生态科技作为指导思想，主动发挥它的高度协调性，实现社会各个领域的和谐共存和长久发展，保障人、自然、社会的可持续共存。

2. 生态科技具有高度平衡性

科学是人们对物质世界客观规律的一种理性认识，技术则是人们在改造客观世界的过程中积累起来，并在具体的实践活动中体现出来的可操作性的手段、程序和方法。恩格斯曾指出："……技术在很大程度上依赖于科学状况，那么科学却在更大程度上依赖于技术的状况和需要。社会一旦有技术上的需要，则这种需要就会比十所大学更能把科学推向前进。"②由此看出，科学和技术是相辅相成的。生态科技除了力求科学和技术的平行发展外，还要求科技与人文环境、自然环境相协调。当代科技革命的实质，就是把科学进步与物质生产在技术基础上的变革结合起来，科技进步作为

---

① 马克思，恩格斯：《马克思恩格斯选集》（第4卷），北京：人民出版社，1995年，第383页。
② 马克思，恩格化：《马克思恩格斯全集》，北京：人民出版化，1972年，第198页。

物质生产发展的主导因素，对社会生产力进行彻底的质的改造。这种改造的力量促进人类社会一步步遵循着社会发展的规律，进步着与变革着。而生态科技观，在认识与平衡人类社会发展规律与自然界发展规律之间的相互关系中，有着重要的指导作用。

生产力与生产关系之间的相互关系，影响着人类社会的发展进程。生产力对生产关系具有决定性作用，而生产关系对于生产力也具有反作用。人类在认识与改造自然的过程中，不断增强自身的实践能力，随之增强的则是对于自然界的征服能力。从历史的长河中发现，人类征服自然的能力越强，社会形态就越显得先进，生产关系也向更高的层次发展。而随着人类社会的不断进步，生产力水平的不断提高，生产关系也会自然而然地发生变革。在这一过程中，科学技术对于平衡生产力与生产关系之间的发展，有着举足轻重的地位。经济体制改革、政治体制改革、文化教育体制改革等生产关系的变革，对社会生产力的推动作用毋庸置疑。如何能使资源能源在这一过程中逐步实现合理的分配与使用，自然生态环境能维持原态，不遭破坏，就显得尤其重要，这对生产力生态化和生产关系生态化的更新发展提出了要求。而生态科技观所提倡的，维持人与自然之间的关系的和谐共生为最高准则，以不断解决人类社会前进发展与环境保护之间的矛盾为宗旨，同时强调科学技术的发展不局限于追求单一的经济效益，而是最终促成人、自然、社会三者之间生态效益才是未来追求的根本。全球人民共同建设生态文明，让生态科学技术成为第一生产力，推动着人类社会生产关系的生态化变革，达到人类社会的长足进步和可持续发展。

3. 生态科技具有高度可持续性

生态科技观的高度调和性，针对的是现有问题的解决方式；生态科技观的高度平衡性，解决的是发展的过程。而生态科技观对于人类未来的探索与走向，有着高度的可持续性。

自二十世纪爆发生态危机以来，人类所面临的困境在本质上是如何处理与自然之间的矛盾，如何能与自然和谐相处。传统的科技观，显然已经不能够平衡人类日益增长的物质需求和自然资源的保护两大问题，而生态科技观恰好能够为人类困境的出路提供方向。科学技术既是作为一种工具而存在，又是作为一种价值而存在。生态科技观既是融合了科学技术的工具合理性，也融合了其价值合理性。从生态化的技术到生态化的生产，再到生态化技术成果的产出，不再是传统的单一的线性生产模式，而是循环闭合的生态化生产模式。生态科技观要求科学技术从研发到成果的转化，将生态化目标覆盖每一个环节，它是稳定生态科技成果的重要保证，同时也是人类社会得以可持续发展的保证。传统科技观中的线性发展观，已经不能适应社会发展的需要了，生态科技观的提出既是对科学技术多元化发展的呼吁，更是对科学技术生态化发展的要求。它摒弃传统科技观的不足之处，同时又修正"人类中心主义""征服自然"等陈旧的思想观念，强调人与自然的和谐相处，协调发展。

进入生态文明的社会，要求人们具有高度的责任感，并且要慎重地运用自己的能力。生态文明社会要求人类在采取行动时，应当充分预估可能产生的后果，做出选择之前，必须先考虑对未来的长期影响。生态科技在沟通现在与未来方面具有双向功能，也就是说它既可立足于现在，同时也能够探索和预测未来，从而评估、审视并检验人类现在行为与决策的性质。这种沟通现在与未来的双向功能，也表明了生态科技具有自我完善的优点。它可在生态环境问题出现之前，做到提前预防，并制定处理生态环境问题的有效对策。这种自我完善的特点，也提示了生态科技是作为一种"动态的思想"而存在，它不是一成不变、故步自封的价值观，它会随着人类社会的发展而作自我调整的一种先进的科学技术观。作为生态文化的一部分，生态科技观也具有立足当下和面向未来的双向性，这种特性正是它高度可持续性的诠释。

# 第二节　环境治理的一般技术方法

过度的人类活动造成自然环境的恶化，自然环境恶化主要的表现形式是土壤酸化、水污染、大气污染、土地荒漠化等。现阶段，我们进行生态环境治理的主要方面是水污染和大气污染，这两项是环境保护者最重要的两项工作内容。我们在进行生态环境治理的时候主要采用两种方法，即环境科学和生态学的方法。其中环境科学主要针对的是污染物，是运用外力作用直接冲刷去除污染物的方法。这一方法由于见效快、针对性强的特点被广泛运用于环境污染的治理中。针对后期的环境维护，需要运用到生态学方法。长此以往，环境治理才能够达到标本兼治的效果。

## 一、水污染治理

河流是古代人类社会文明的发源地，有许多著名的文明都是起源于此。例如：中华民族的发源地是黄河，古巴比伦的发源地是幼发拉底河，古埃及的发源地是尼罗河。自古以来，河流一直都是人们赖以生存的基础，在河流附近拥有上等的气候、土壤、水源等，人类在此能够收获丰厚的食物和水源，延续自己的生命。我国对于河流的研究已经很早就开始了，最早开始于北魏时期，我国著名的地理学家郦道元写成了《水经注》一书，这本书对我国的河道水系进行了详细的记载。

现如今，人类的工业文明已经到达了鼎盛时期，人类对于自然的开垦也已经超出了一定的限度。长期以来，河流被我们主要用于灌溉、航运、饮用，并且人们为了让河流更易于为人类所用，就利用科技的手段建设了许多项目，例如：兴建水坝用来引流分流。我们环顾四周就会发现地球村已经满目疮痍，尤其是人类文明的发源地——河流，受到了严重的伤害。我们经常看到或者听说河流变得恶臭满天，水中的动物开始发生变异，绿藻疯狂生长等，这些骇人听闻的消息产生的根源在于人类对自然的所作所为。污水治理已经成为当今人类保护生态环境的重要任务之一，同样也是一项艰巨的任务，其治理周期长、见效慢是它的特点。

随着城市人口的增加，城市化规模的扩大，工农业规模的扩大，这些因素破坏了河流的自愈能力，影响了河流水质的稳定，从而导致水流失去了降解污染物的能力，让河流成为臭气熏天的地方。例如：瑞士的莱茵河水流平稳且丰沛，是重要的航运要道，人口密集，工业密集，城市化显著。正因为工业化和人口数量的膨胀，第二次世界大战后，莱茵河的水质开始下降，到了二十世纪七十年代，环境保护力度跟不上水污染的速度，导致莱茵河的水质严重污染，重金属含量超标，威胁着众多物种的生存。如何更好、更有效地治理水污染，是我们人类现阶段应该慎重考虑的事情。

治理水污染的第一步就是治理污染的源头，即截污。水污染有两个主要的源头：一是生活污水，这指的是家庭生活产生的各种废水；二是工农业产生的工业废水。目前许多城市都修建了排污管道，污水不直接进入管道，而是通过污水排污管道直接进入污水处理厂，经过处理降解后的污水才能够排入河流。目前常见的污水处理类型有固体污染物沉淀、有毒物质和氮磷的去除等。固体污染物沉降主要针对的对象是水体中存在的固体物质和重金属。如果不对这些固体物质进行降解处理，这些附着在固体物质上的重金属一旦进入河流就会使得河流中的污染物难以去除，这种具有很强毒性的化合物进入水中生物的体内，导致生物的死亡。另外，氮磷虽然是无毒的物质，但是它们在水中的存在却会造成水中富营养化，是导致藻类大量繁殖的直接因素。这些藻类与水中生物争夺氧气造成水中生物缺氧而死亡，这些动物的尸体又在水中腐烂发臭，破坏水质。所以说氮磷的去除治理也是防治水污染的重要一项。人们在进行农业生产的时候会经常使用化肥，化肥通过土壤渗透进入附近水源，对附近水源造成污染。化肥污染的治理难度较大，并且成本高、效率低。目前，在农业开始的最初阶段采用有机化肥，从化肥根源上生态化，是开展绿色农业生产，治理农业污染的最好方法。

在现代河流规划系统中，人们只看中河流具有航运、灌溉、泄洪的功能，因此，人们在修筑堤岸的过程中只考虑人类利益，却忽略了河流自身的水文特征。河道被拉直，水速加快，用混凝土包围的河道治理工程，降低了河岸的渗透性，阻碍了河流生态系统的良性循环。现阶段，人们已经有了多年的河流治理经验，开始将生态工程方法运用到生态治理过程。生态工程方法的开展主要有下列几个步骤：一是软化河岸，将河岸上硬质的水泥护岸去除，用软质的物质替代硬质的水泥护岸。另外，还要在水流的最高位和最低位之间安装木质的栅栏护岸，让这个落差区不因为水流的剧烈冲刷而消失，这一块区域的存在还能够为水生生物提供栖息的场所。二是进行水质的综合治理。通过截污、沉淀、圈养等方法，拦截和控制污染物的输入和输出，达到降低污染物排放和去除污染物的目的。三是人工放植水生生物。这一方法指的是根据水质的情况，在水中放入一些鱼类、植物、两栖生物等，构成一个完整的生态链。通过建立这种人为的生态链，可以让河流开展自循环，有效去除水中含有的氮磷营养物，实现对河流的综合治理。

总体来说，现阶段人们已经意识到了人类生产生活对河流带来了严重危害，需要召集社会各界的力量参与生态治理行动。政府要制定具有强制力的法律法规，做到有法可依。企业要持有保护环境的意识，将废弃物经过一系列的降解之后，确定废弃物对于水质没有危害之后，再向水中排放。市民要有环保的意识，在生活过程中节约用水，禁止在河流用含有氮磷的洗衣粉洗衣服，防治水流的富营养化。

如今，工业化程度较低的发展中国家，由于在谋求经济发展的同时没有保护好环境，也正重复着发达国家曾经发生过的悲剧。如上海的苏州河在20世纪初是一条水清质佳的河流，后来由于生活和工业污水的注入，变成了一条污染非常严重的河流，甚至发出恶臭，严重影响了居民的生活，同时也影响了上海的形象。

## 二、大气污染

人们无时无刻不在空气中生活，我们呼吸空气中的氧气，用此维系人类的生存。空气是人类赖以生存的基础，它的存在对于人类来说具有重要的作用，它的好坏也会直接影响着人类的身体健康，甚至是生命。空气中某一物质的存量、性质、存在时间等对人类或者其他生物产生有害影响，我们将这种存在物称为空气污染物。这种现象被称为大气污染。

人类对于大气的干扰体现在对大气成分的改变。"对干燥空气来说，按体积计算，在标准状态下，氮气占78.08%，氧气占20.94%，氩气等稀有气体占0.93%，二氧化碳占0.03%，其他气体约占0.02%。"[①] 大气的组成成分几千年来并没有变动，而人类工业文明的参与改变了大气的成分，这种改变可能会对整个生态圈产生重大影响。如今，人类工业文明已经影响了大气，改变了大气的组成成分，空气中的粉尘增加，让世界各国的人们患上了呼吸道疾病，甚至是肺癌。二十世纪下半叶的八大公害事件是对这一

---

① 卢风：《生态文明新论》，北京：中国科学技术出版社，2013年，第106页。

事件的证明。

大气污染主要来源于以下两个方面：一是自然原因。地壳运动引发火山爆发，火山喷出带有大量的粉尘和二氧化碳，致使火山周围的烟雾弥漫、毒气冲天。还有因为不可抗力因素引发的山火也会造成空气中粉尘含量和二氧化碳含量的增多。一般来说，这种自然性质的大气污染是局部的、短时间的，对于大气的影响相较于人类活动的影响效果小。二是人类活动的影响。现代工业的发展动力主要是运用化石石油等能源，这些化石石油能源产生的废弃物进入大气中，改变大气的组成性质，破坏生态系统的平衡稳定。人为的大气污染又可以分为三个方面：一是工业污染。工业污染是大气污染的一个重要来源，近代人类就开始运用科学技术，开发能源，为大机器生产提供动力。随着工业化生产规模的扩大，人类使用的资源越来越多，排放的废弃物也越来越多。工业污染的排放物主要是可吸入性颗粒物，例如：硫的氧化物、氮的氧化物、碳化合物等。二是生活取暖。无论是城市住户，还是农村居民，主要采用煤炭作为能源用来取暖，煤炭燃烧会产生大量的灰尘、二氧化硫、一氧化碳等有毒物质。到了冬天的时候，天空中经常弥漫着灰蒙蒙的雾气，就是雾霾，影响人们的呼吸道系统、脑血管等。三是交通运输。当今，人类凭借自己的智慧发明了种类巨多的交通运输工具，例如：火车、飞机、客车、轮船。支撑它们运作的能源是煤炭和石油，这些能源经过燃烧会产生大量的废弃物，有二氧化硫、一氧化碳、氮氧化物和碳氢化合物，影响人们的呼吸系统。

大气具有一定的自洁能力，当污染物的排放量在大气的自洁能力范围内的时候，大气可通过氧化、紫外线照射等形式进行自洁，进而恢复到自身原初的平衡状态。但是大气并不是一直能够进行自我清洁的，当污染物超过了大气承受限度的时候，就需要人们采取一系列措施帮助大气开展清洁行动。人类的环境治理行动开始提上日程。

大气污染物的种类繁多，且形式十分复杂。主要有：第一，粉尘污染。粉尘中的有毒物质被人类直接吸入，到达肺细胞组织，导致人类患上心血管疾病、呼吸道疾病等。第二，重金属污染。对人体有害的重金属元素大多是由工业生产所产生，重金属包括汞、铅、镉等，这些重金属元素一旦进入人类体内，就会使得人类患上心血管或呼吸道方面的疾病，或者是影响人们的中枢神经系统。第三，化工污染。化工厂排放的含有硫化氢的气体，散发出臭鸡蛋的味道。城市公厕、沼气池等地方散发出硫化氢、甲硫醇、甲硫二醇、乙胺、吲哚等有害物质组成的气体，对人们的呼吸道、内分泌、神经系统等有一定的不良影响。第四，光化学污染。这类污染主要是由于汽车排放出的氮氧化物经过紫外线的照射，然后生成的具有强烈刺激性的光化学烟雾，影响着人类的眼睛和鼻喉。

大气污染的形式越来越严峻，人们开始想方设法地对抗这类污染，主要采取的方法是有针对性地去除污染物。在污染物没有进入大气之前，人类就开始采用除尘消烟技术、冷凝技术、液体吸收技术、回收处理技术等消除废气中所含的污染物，通过这种方式降低污染物与大气结合的数量。例如在工业生产中，有一种专门的脱硫装置应用，目的是为了将废弃物中的硫化物去除。在工业污染和汽车尾气排放等方面，人们已经制定出了一套完善的设备装置和法律法规，用来治理大气污染。现阶段，英国、美国等发达国家的居民最先患上了因大气污染导致的疾病，但是他们也是最早开始进行空气治理的国家，但是这些国家借助经济全球化的发展趋势将污染问题转移到不发达国家，使得不发达国家的空气污染越加严重。从长远来看，这一方法是不可取的。虽然在短期时间内可以缓解本地区或本国家的污染问题，但是这种全球化的污染趋势仍在继续，需要全球各个国家的人们携手共进，一起治理大气污染。

如今，人们已经开始进入生态文明的建设时期，人们有意识地开展保护环境的活动。其中一个最有效的途径就是减少对煤炭、石油等常规能源的使用，煤炭、石油等资源是一种不可再生资源，它们的生成需要在地底下经过长时间的地质作用才有可能生成。煤炭和石油燃烧会产生二氧化硫气体，这些气体是酸雨形成的罪魁祸首。因此，我们要从根源上减少二氧化硫的生成。例如：在使用煤炭或石油的时候，先进行脱硫，然后通过改进燃烧技术，降低污染物浓度。我们也可以用新能源替代煤炭和石油，可以用风能、核能、太阳能等新能源，通过改良研制技术，让新能源发挥与煤炭、石油的同等功能。除此之外，我们还可以运用生态工程治理的方法。例如兴建公益林，借助植物的吸附能力，将空气中含有的硫化物、氮氧化物、重金属等物质吸收，从而降低空气中污染物的浓度。在一定浓度下，植物还对污染物具有一定的耐受性，不会造成植物的死亡。在一些城市的主干道，我们会发现在道路的两旁有许多的绿色植物，通过检测发现处于城市主干道位置的植物体内有毒物质含量要高于其他地区。在同一个工业区，距离工业废气排放口越远的植物，它体内的污染物含量要明显低于靠近废气排放口的植物。从这一现象看来，植物能够有效地附着空气中存在的污染物，并将其储存在自己的体内消化，从而达到净化大气的效果。现如今，生态公益林的建设已经取得了一定的成效，但是还有许多尚未攻克的难题，这就需要全球各个国家的人民携手共进，一起防治大气污染。

## 第三节　生态化环境与生态产业

在前一节已经介绍了一些有关污染治理的科学技术，但是在进行生态文明建设的过程中，单单依靠治理所产生的生态效果是不明显的，我们要将防治结合，这样不仅能够治愈旧伤，还能够防止新伤的产生。生态文明的成功开展不仅意味着我们人类对于环境保护的重视程度加深，更意味着人类对于自己的生产生活方式开始进行慎重的反思。以往高耗能、高产出的生产方式造成了资源的过度消耗和废弃物的过量排出，对于生态环境造成不可承受的伤害。针对这种生产方式，人们想方设法集思广益，提出并建设了生态工业园、生态农业园，让生态文明思想成功落地。

### 一、生态化科技与生态农业

早在 1981 年，英国就有农学家将生态农业定义为"生态上能自我维持，低输入，经济上有生命力，在环境、伦理、审美方面可接受的小型农业。"[①]该定义是将生态化的思想融入农业建设中，在生态的基础上开展农业建设，此后各国学者对生态农业做出了多种不同的解释。

生态农业是在生态学理论的基础上，运用系统工程方法，在保护环境的前提下，合理调配农业生产，因地制宜地规划资源、环境、效率，是一种综合性的农业生产体系。中国的生态农业包括农、林、牧、渔和其他乡

---

① 孔繁德：《生态保护概论》，北京：中国环境科学出版社，2010 年，第 187 页。

117

镇企业在内的多层次复合农业系统。生态农业在建设过程中，要以保护生态环境作为生产的前提，维持物种资源、水资源的可持续发展，依靠现代科学技术和社会经济信息进行生产，按照能量输入输出平衡的原理，充分发挥废弃物资源的可循环利用，发挥物种多样性的优势，建立良性的物质循环系统，保证农业系统的稳定发展，让人类社会实现经济效益、社会效益、生态效益三者的有机统一。由此来看，生态农业是一种借助高科技技术，将农业的可持续发展和保护环境相结合，实现两者共同发展进步的一种复合型农业发展模式，目的是为了让人和自然之间形成和谐共生的关系。

我国农业发展共经历了三个时期：1949 年 10 月 1 日中华人民共和国成立之日起到二十世纪七十年代末是中国农业发展的第一个阶段，在这一阶段中国共产党带领人民解决基本的温饱问题，发展目标是提高粮食的产量。中国著名的农学家袁隆平一生致力于杂交水稻研究，在 1961 年春天，他把 1960 年发现的具有特殊性状的水稻种子播到创业试验田里，结果证明了这是一株"天然杂交稻"。就在那时中国人民面临着严重的饥荒灾难，袁隆平立志从事水稻雄性不育试验，用农业科学技术击败饥饿威胁。第二阶段是二十世纪八十年代，政策由重视增产转变为增产与增收并重，进而转变为以增收为主导的阶段，并且开始注重生态效益。第三阶段是二十世纪八十年代末到九十年代，国家不仅重视经济效益，还注重生态效益，注意在生产过程中进行环境保护、资源的可循环利用。在我国大力追求农业增产的时候，农业发展面临的形势其实已经十分的严峻。全国水土流失面积高达 367 万平方千米，占中国国土总面积的 38%；二十世纪八十年代以来，全国沙化面积年均扩大 2 460 平方千米。面对如此严峻的形势，我国的科学家们开始想方设法采取一系列的措施治理环境危机，然而人类治理的速度却赶不上土地退化的程度，大多数沙漠化的地方仍然呈现沙进人退的趋势。农业生产区还是存在着资源利用不合理和环境污染的问题。另外，水资源的严重匮乏也是影响制约我国农业发展的主要因素。在我国著名的东北黑土地上因为人类的大量开垦，出现了一些环境问题。黑土地是寒冷气候条件下，地表植被死亡后经过长时间腐蚀，形成腐殖质后演化而成的，以其有机质含量高、土壤肥沃、土质疏松、最适宜耕作而闻名于世。现在，黑土地上的土壤有机质含量已经由刚开垦时的百分之八左右降到了百分之二左右，土壤的质量明显下降。机械化养殖技术的应用使得家禽排放的大量粪便不加处理就排放进周围的水源中，造成水源的污染，引发富营养化。乡镇企业占整个工业污染的比重已经由二十世纪八十年代中期的 15% 提高到 1997 年的 45%。由此看来，我国的农业生产趋势十分严峻，国家开始思考转型新型的生产模式，即生态农业生产模式。

生态农业生产模式的重点是为了保证能量能够最大，并且能够最大效率地流向人民群众。因此，人们在进行生态农业生产过程中，会注重资源的最大化利用和生态环境的保护工作。首先，农业生产要秉持整体性原则，主张发挥生态系统的整体性功能，做好全面规划、统筹兼顾，让农业中的农、林、牧、渔等产业之间相互配合、共同协作，在保护环境的前提下，能够提高农业生产力。其次，农业生产要与制造业、加工业、仓储物流业之间相互配合协作，最大限度地减少资源的浪费，保持资源的可循环利用，达到利用的最大化，从而降低农业的生产成本，高效地利用农业资源。在进行农业生产的时候，我们还可以将农业资源进行再加工利用，增加农业产品的附加值。这种方法不仅可以为当地的居民增加就业机会，还能够减少物流成本，做到产品的本地化加工，从而达到经济效益的最大化。同时，在进行农产品的再加工利用中，要注意对环境的保护，对废弃物进行无害化处理后再向环境排放，实现生态效益的最大化。通过以上这些措施，既能够让农业生产者收获经济效益，还能够在保护环境的过程中，实现资源的可循环利用，保证生态效益的最大化。最后，在进行农业生产建设的过程中要因地制宜，具体问题具体分析。我国的地理环境复杂多变，国土面积庞大，物产资源十分丰富，各个地方的农业生产环境、经济发展水平、人文风俗习惯等都不同，因此我们要以生态学原则作为指导要素，将传统农业的优势与现代科学技术相结合，并且根据当地的实施情况，发展具有当地特色的优势产业和生产基地。

我国的地形复杂多变，主要有平原、丘陵、山区、盆地等多种地形，根据不同地形的特色，当地人建成了符合本地发展特色的生态发展模式。总体来说，我国各地具有远大发展前景的生态农业发展模式共有三类。

第一，北方"四位一体"生态农业模式。这种模式是以生态学、生物学、系统工程学、经济学原理为依据，将土地资源作为基础，将太阳能作为发展的动力，沼气池作为纽带，将种植业与养殖业相结合，进行综合开发和利用的种养生态模式。在一片封闭的土地上，聚集着沼气池、家禽舍、厕所、日光温室、蔬菜生产等，将这些组合在一起，通过生物质能的转化，形成一个产气与积肥同步进行的模式，实现能源的良性循环利用，这就是"四位一体"的生态农业模式。这种模式的构建方式是：该模式建立在一个150平方米的土地上，该土地上覆盖着一层塑膜，在这个温室的另一侧建成一个8~10平方米的沼气池，并且在这个沼气池的上面建造一个20平方米的猪舍和一个厕所，从而形成一个封闭的人为的生态环境。该模式运用的生态技术包括：一是经过太阳能的照射，在这一个封闭的系统中，这个地区的温度比外边要高3~5℃，从而为猪的生长提供适宜的生活条件，使得猪出栏的时间缩短。由于饲养量的增加，还为沼气池提供了充足的原料。二是沼气池在太阳的照射下升温，解决了北方在寒冷条件下的产气技术难题。三是猪为了维持生命，会吸收氧气，呼出二氧化碳。在温室中，这些呼出的二氧化碳浓度提高 4~5 倍，改善了蔬菜生产的条件。这样既改变了蔬菜的品质，又提高了蔬菜的产量，生产出绿色无污染农业产品。

第二，南方的"猪——沼——果"生态农业发展模式。该模式是一种用沼气作为连接养猪和种植果树的纽带，从而用沼气带动畜牧业和种植业共同发展的生态模式。在这个模式中，人们用沼液和饲料的混合物喂猪，能够大大缩短猪出笼的时间，并且还可以减少饲料的喂养成本，激发了农民养猪的积极性。农民还可以用沼肥对果树进行施肥，降低肥料成本，还可以增强果树的抗旱、抗寒和抗病能力。

第三，西北的"五配套"生态农业模式。这一模式可以解决西北地区的用水难题，促进农业的可持续发展。这种模式的建立是在一个农户的家里建沼气池、一个果园、一个暖圈、一个蓄水池、一个看营房，实现人厕、沼气、猪圈三者的有机结合。在圈内建沼气池，池上搞养殖，除养殖之外，用家禽的粪便喂养猪，用猪粪便产生沼气，建立一个多元化的、可循环的生态农业模式。这种生产模式是将沼气作为连接的纽带，以太阳能作为动力，形成沼与畜之间相互促进，用沼促果，果牧结合的良性循环发展体系。

现如今，我们不得不承认广大农民生态意识提高，他们的生态意识提高带动了生态农业模式的开展，这种生态模式的开展又带动了人们发展生态农业技术。农业科学家们依照生态农业的标准，用研究成果结合科学实践，从农业生产的需要出发，制定符合生态系统发展规律的生态农业技术。

## 二、生态化科技与生态工业

生态工业发展的最早萌芽出现于二十世纪六七十年代，一般认为，生态工业指的是仿照自然界生态过程中物质循环的方式，应用现代科技所发展的一种多层次、多结构、多功能的，将工业废弃物原料转变为可利用物，实现循环生产的新型工业生产模式。这种新型的工业生产模式，可以实现资源、能源利用的最大化。工业文明的出现是人类文明发展历程中具有里程碑意义的事件，这种划时代的文明却对环境造成了不可逆的影响。工业文明带来的大机器生产，追求单一的经济效益，直接导致了人们现在面临的生态危机问题。

传统的工业生产活动中，只追求经济效益，而忽略了生态效益和社会效益，是一种单一诉求型工业发展模式。这种工业模式的弊端就是高耗能、高污染，为环境带来了严重的不良影响。随着生态文明的发展进步，人们逐渐重视将生态智慧融入工业生产中，创造了一种生态工业模式。这种生态工业模式将生态效益放到与经济效益并重的地位，从战略上注重生态系统的循环、资源利用率的最大化、环境保护等，谋求工业的可持续发展。举例来说，加入工业生产为社会创造了一个亿的经济价值，但是在生产过程中不注重降低废弃物的有害含量，直接将废弃物排入环境当中，打破了生态系统的平衡状态，导致动植物的死亡，甚至危及人类自身的生存。假如企业将废弃物排放到水中，可能会造成水生生物的死亡和水中富营养化，导致渔业损失五千万。动物的死亡会造成水体发臭，影响饮用水安全，导致饮水成本的价格上涨，又会损失五千万。根据食物链的运作规律，这些有安全隐患的水可能最终会流向人类，造成人类患有某种疾病，这时候人们就需要拿出高昂的医疗费来治愈疾病，消耗了大量的社会资源，这样一算又损失了五千万。通过这个例子，我们会发现，虽然企业为社会创造了价值一亿的经济价值，但是却浪费了社会一亿五千万的财富，这种新算法是以绿色 GDP 来衡量社会财富增长的算法，绿色 GDP 等于 GDP 减去环境污染、资源损耗所造成的损失。按照绿色 GDP 的算法，我们得知其实人类实际获得的财富增长远没有人类想象得多。另外，以往的工业生产模式是一种线性结构，这一过程是一个简单的投入、产出的过程，生产出的副产品都被当作废弃物排放，这就造成了资源的浪费，无法实现资源、能源可利用率的最大化。生态工业的发展要兼顾经济效益和生态效益，在长链共生原理、价值增值原理和自然可承受限度原理的指导下，对资源进行合理的开采利用，让工矿企业之间相互协作，形成一个共生的网络生态工业链。有一些企业生产完的废料对于其他企业又是一种可供加工的原料。工矿企业之间进行相互协作的发展模式，可以实现资源的集约利用和循环使用，这种生产模式是环形的，不是传统的线形。从产业结构来看，原本的产业结构是单一的。在一个煤炭产量丰富的地区，当地的经济结构是以煤炭开采为主，对于其他的配套产业重视程度不足，根本不进行开发。当一个地区的煤炭资源衰竭，采用量不足的时候，这个产业必将面临衰竭，一个以此为生的城市可能也会就此退步。生态工业是一种多元化的产业结构，它要求建立一个产业之间相互配合的完整产业链，生态工业园的出现就是对这一想法的最好诠释，是在一定区域之上建成的制造业和服务业于一体的综合型产业园区。在这个园区内，各个企业都致力于同一个发展目标，共同管理环境方面的事宜，从而获得经济效益和生态效益。生态工业园设计遵循生态系统的耐受性原则，尽量减少废弃物的排放，将"原料——生产——废料"的线形发展模式转变为"原料——产品——废料——原料"的环形发展模式，通过生态工艺关系，尽量延伸资源的加工量，最大限度地开发和利用资源。

生态设计的实施是一个系统化和整体化的过程，它需要考虑原材料的选择、生产、设计、营销、售后服务到最终回收处置的过程。生态工业的设计就体现了生态循环的系统论思想。以往传统的制造业是以市场的需求作为生产的导向，这是衡量生产合理性的唯一标准。然而生态工业注重生态效益、经济效益和社会效益，是三者的有机结合。它要求工业设计要符合生态学的原则，对自然环境不会造成严重危害，否则即使这件商品市场的需求反响多么热烈，都不许进行生产销售。另外，"生态关"是生态工业检验商品的一个最重要的关卡，在商品生产过程中要做到清洁生产。所谓清洁生产指的是无论在产品生产过程中，还是在废弃物的排放环节，都应该注意进行防治结合。要尽可能地加强资源利用率，使其达到最大化和最优化，多开发可再生能源，并且合理地利用常规能源，在各个环节都应该注意节约能源，并且防止有毒物质的排放，即使要对环境进行废弃物排放也应该将有毒物质的含量降到最低。总之，生态工业的根本目标是实现人类利益的最大化和对生态环境危害的最小化。

建设生态工业是生态文明的内在要求。为了建设生态工业，我们要综合运用生态规律、经济规律，还有一切有利于工业发展和经济发展的现代科学技术，从而实现协调工业的生态、经济、技术之间的关系，保持生态系统的动态平衡。建设生态工业是实现生态效益、社会效益和经济效益的有机结合，这是生态文明发展的必由之路，是一种可持续的生态工业发展道路。

### 三、生态化科技与生态旅游

1993年，国际生态旅游协会将生态旅游定义为保护生态环境和兼顾人类利益的概念。生态旅游是一种对景区景观保护，实现景区可持续性发展的道路。

现阶段，人们已经满足了基本的吃穿用度的需求，开始追求精神层次的享受。人们赚来的钱不再只用于吃饭和穿衣享受中，还会用一些高雅的、具有娱乐性的活动满足自己的精神需要。随着工业化和城市化进程的加快，许多的自然景观被破坏，人造景观逐渐代替自然景观成为城市建筑的主流。

人们长期在城市化社会中生活，见惯了人造建筑，不断适应着城市的快节奏生活的人们，被工作压力压得喘不过来气，人们迫切地想要去大自然中寻求心灵的安慰，因此就出现了旅游业。在过去，人们的环保意识差，随地乱扔垃圾、破坏自然景观等现象普遍，这种现象直接影响了观光旅游业的发展。出现这种现象的责任不应只归咎于游客本身生态意识薄弱，有一部原因也由于景区保护生态环境的意识薄弱。景区为了获得最大的经济效益，忽视了景区的承载能力，在自然景观之上大肆兴建土木，破坏自然风光，对资源进行过度开发，甚至导致了珍贵的濒危动植物的灭亡。在人们这些急功近利的想法之下，生态环境遭到破坏，取而代之的是人工景观，对当地的生态环境造成不可逆的影响，影响了旅游业的可持续性发展。

当我们面临着旅游业形势如此严峻的问题时，我们要制定对策解决这一问题。最主要的方式就是转变旅游业的发展结构，将传统的旅游发展模式转化成生态化旅游，实现旅游业的可持续发展。可持续发展是判断旅游业是否具有生态化的基本标准，这在业界已经达成了基本共识。生态旅游的可持续发展指的是用可持续性的发展方式，发展旅游资源，保证旅游区的经济、社会、生态效益三者的可持续性发展，既实现了现代人的旅游需求，又能满足后代人的旅游需求，是一种可持续的旅游发展规划。政府、景区工作人员、观光者都应该对生态旅游业的建设贡献自己的一分力量，在尊重当地文化的基础上，保证生态系统的平稳运转，实现人与自然的和谐相处。生态旅游建设具体表现在生态地居民层次和经济社会层次方面。从生态地居民层次上来看，生态地居民是生态区人口的重要组成部分，也是最了解生态区文化的人。在建造生态旅游业的时候，我们应该让这些居民直接参与到决策建设中，发挥他们的主动性和积极性，不仅能够带动当地就业率的提高，让人们获得丰厚的回报，还能够让人们了解旅游业文化，提高素质，开阔眼界。最重要的是生态地居民对自然环境的保护比任何人保护的力度都大，所谓"人多力量大"，相信会将生态旅游区建设得更好。总体来说，生态旅游业的发展可以为当地带来经济效益，不断地为社会注入新的资金力量，促进分配的公平，为当地居民增加就业的机会，实现经济、社会、文化的全面协同进步。

综上所述，生态工业、生态农业、生态旅游的发展都离不开科技的生态化转向，都离不开生态化的科技创新。生态工业、生态农业和生态旅游业的建设如果脱离了生态学的指导，必将走向一个死胡同，也就不可能实现自然与社会的可持续性发展，生态学转向后的理解性和调适性科技就是生态文明建设的重要技术手段。

# ★第五章　生态文明的法治

# 第一节　生态文明与法治建设

## 一、生态文明建设与法治建设的内涵

生态环境的良性发展与人类生存和社会的持续发展具有密切的关系。在当前社会的发展过程中我们倡导的是人与自然和谐共生，工业文明显然已经不具备"可持续"的作用，生态文明应运而生，同时生态文明建设的发展也是关乎人民是否幸福安康和国家是否能够长远发展的计划之一。生态文明作为人类社会先进的文明形式，在我国先后被纳入党的十七大和十八大报告中，在十九大中更是在总结以往的生态实践经验基础上提出了坚持人与自然和谐共生的基本方略。在具体论述生态文明重要性的同时，十九大报告中前所未有地提出了"像对待生命一样对待生态环境""实行最严格的环保制度"等要求。所以，在生态法治的背景下，运用法治思维和法治方式切实开展生态文明建设，已变成构建生态文明不能欠缺的一个方式。

生态法治建设是生态文明建设的发展与法治能力的提高这一时代背景下的重要选择。用法治来指导生态文明建设并不是单纯地依靠"重法""重罚"，而是在通过宣传生态文明积极意义的同时倡导人们参与到生态文明建设的治理过程中，进而通过提高人民的法治参与意识来提高人民法治参与度，这对生态文明法治体系具有重要的作用。通过立法体系、执法体系、司法体系的发展，有计划、有目的地发展生态文明法治建设，使生态文明建设在每一个实行阶段都能得到顺畅的发展。同时生态文明法治的发展也依赖于社会的监督，"让权力在阳光下运行"，生态法治的发展也是如此。生态文明法治建设要求我们，一方面应当意识到工业文明与生态文明均属于人类社会发展至特定阶段的一种文明形态，想要进化到最高的文明形态我们必须要使生态建设法治化；另一方面我们还要知道之所以生态文明会取代工业文明是因为工业文明带来的环境破坏和无止境掠夺已经不适合我们目前的发展现状，更不适合未来的长期发展。可见对发展模式加以重新设计就显得特别关键，所以应当再次明确运用自然发展的思想与方法。想要更好地践行这一理念，我们必须要在立法、执法、司法、公民参与、社会监督的方方面面进行发展。在进行生态法治建设的同时我们必须理解生态文明与将其单纯地解释成环保主义间存在很大不同，并以为生态文明只不过是简单地保护环境，这种思想已经不适合当前发展的需要。生态文明法治建设是一个复合的概念，概括来讲，生态文明法治建设内涵既要有生态文明的相关理论，同时还需要拥有法治概念作为支撑。现阶段而言，生态文明法治建设的内涵主要有以下三个方面：

首先，生态文明建设同法治建设之间有着协调共融的关系。构建生态文明不是一句单纯的发展口号，而是要真正去履行的发展方式。实现生态文明最好的方式就是进行生态的法治化，只有将一切规定以法律的形式出台，才能使生态文明彻底地得以运行。马克思说："在民主的国家里，法律就是国王；在专制的国家里，国王就是法律。"这也充分论述了法律作为国家机器运行的必要性，这里的法律是广义上的法律，也就是说涉及立法、司法、执法方方面面的法律发展体系。作为生态文明法治建设的内涵，将法律的发展与生态文明牢固结合是实现生态文明建设最有力的途径，是实现人与自然和谐的最有力的发展方式之一。

其次，生态法治建设的提出是人类文明的高级实现方式。生态文明作为取代工业文明的发展方式在本质上就具有进步性。在工业文明时代，社会呈现出快速发展的现象，不得不肯定的就是工业文明带给了我们富裕的生活，也改变了我们的生活方式。社会的变化也带来了法治的变化，从一开始的"法制"到现在的"法治"也说明了社会是在不断进步的。良好的法治可以维护社会方方面面的发展，相关法律的出台也反映了社会的需求与发展状况，将生态文明与法治相结合也反映了我党对想要实现生态文明建设的急切性。

最后，生态文明法治建设即是完成生态法治化、法治生态化的建设。生态文明法治建设是一个复杂的发展过程，生态法治的实现不是单纯的一个政府部门，或者一部法律的颁布就可以实现的，任何事物的发展都会涉及事物发展本身的方方面面。作为生态法治建设发展的五个基础范式：立法、执法、司法、社会监督、公民参与，这五点缺一不可，有任何一块短板生态文明建设这只"木桶"都不会盛有更多的水。这五点的关系并不是完全独立的，而是相辅相成的，贝卡利亚说过："法律的力量应当跟随着公民，就像影子随着身体一样。"

## 二、生态文明建设与法治建设的关系

在工业文明的发展过程中，经济得到了快速发展，随之而来的就是生态破坏，生态文明的提出是继工业文明后更为人性化的文明方式。但是这种工业文明是以牺牲环境作为代价的，随着社会的发展和人类认识水平的提高，工业文明不再是适应当今社会发展的文明形态，生态文明应运而生。与工业文明相比，生态文明倡导人与自然和谐共生，这种新理念也取代了之前人类征服自然，改造自然的愚蠢想法。五位一体总布局中，我国提出了加强生态文明建设和政治建设、经济建设、社会建设、文化建设等五大建设之间的融合发展，也为生态文明建设赋予了更深层次的含义。

法治也是如此。法治是治理国家和调控社会平衡最有效的方式之一，法治的根本意义就是实现社会的有序发展，保证人的根本权益，实现人的全面发展。法治作为一种现代治理手段，与其他调控手段相比具有非常大的优势。一个国家法治的有序发展背后代表的是这个国家的社会发展状况以及综合国力水平，法治能否顺利地实现与法治本身代表的阶级密切相关。现代资产阶级国家开启了法治社会，而法治已经成为人类社会未来发展的必由之路。尽管中国的法治建设时间较短，但经过几十年的艰苦奋斗，中国的法治建设成果举世瞩目。在我国坚持法治建设的背景下，从生态文明建设和法治建设的发展进程来看，法治建设和生态文明建设在各自领域中均拥有先进的文明形式，具有最高级的精神内涵和外部表现。相比之下，尽管两者所在的领域不同，但在促进社会发展，实现人的解放的思想方向上是相同的。这一特点体现在生态文明建设和法治建设共同的价值追求、理性观念和先进性等三个层面上。

必须明确的是，实现人的全面发展是我国生态文明建设和法治建设所为之奋斗的目标。我党长期坚持和为之奋斗的目标之一就是实现人的全面发展，这一目标与当前的生态文明建设和法治建设的实现不可分割。首先，在生态文明建设中，根本目的就是对生态效能的追求，是实现"绿水青山"中国梦的一次伟大实践，同时也是坚持人的全面发展这一目标的伟大实践。相比于旧的文明形态，在农业文明和工业文明中，其创造经济利益的本质是征服和改造自然，通过一次又一次的社会变革，人类的经济不断发展，通过对自然的征服，经济利益达到了最大化，环境的承载能力越来越低，我们赖以生存的生态环境得到了前所未有的伤害。在生态文明建设中，最为重要的一个概念就是人与自然和谐相处。人类是自然环境的一部分，人类活动必须适应自然，与自然和谐共存，才能促进人类的可持续发展。人类发展观在生态文明建设中，不再片面地以人类为中心，而是趋向科学化。生态文明建设要求人与自然的和谐共存，在社会主义和共产主义的发展之路中，其客观规律就是人与社会的和谐发展。

因此，社会主义和共产主义发展的客观规律赋予了生态文明社会的本质属性。相比于农业文明和工业文明而言，生态文明是新时期新形势下，人类文明发展的时代标签。另一方面，实现人的全面发展，首先就需要实现人类社会的公平正义，这也是法治建设的基本要求。公平正义始终是法治的永恒价值追求。学术水平和实际操作水平的提升，为人们的新观念以及社会发展赋予了新的内涵。中国必须基于本国国情加强法制建设，加强法治理论的创新与改革，为法治理论赋予更具有深度和广度的公平正义的内涵。人们通过理解和诠释公平正义，能够充分领悟自身在社会发展进程中所拥有的权力和自由，义务和责任，能够为了国家的法治建设而贡献自己的一分力量。这种对公平正义的理解实际上是对人类发展的探索。它把人民当作国家和社会的主体，激发人们参与中国特色社会主义事业的主观能动性和积极性，并通过法律和道德，对个人在社会活动中的行为加以约束，在新时期新形势下，塑造了消除各种缺陷的公民。因此，法治中国不仅能够转变国家理性和社会理性，同时还能够完善个体公民，实现国家、社会以及个体公民之间的共同成长，实现全面发展。不论是生态文明建设还是法治建设，这两者的根本目的都是为了促进人的全面发展，那么生态文明建设和法制建设就必然会出现共同的追求价值，以实现二者的共同进步。

生态文明建设与法治建设具有同样的精神内涵。两者都把实现人的全面发展作为自身的价值追求，把新的理性观念贯穿于整体。生态文明建设是丰富法治的重要组成部分：在理论领域，推进法治更新观念使法治建设更加尊重、服从客观规律；在实践领域，强调生态法律制度的必然性和必要性，切实提高了国家法律的质量。生态文明建设的基础就是法制建设：在概念层面规范思维方式，审视和指导生态文明建设；建立科学完善的制度体系，促进生态文明建设的规范化和法制化；运用方法论解决生态文明建设问题。法制建设和生态文明建设是相互补充的两个具有紧密内在联系的概念，是中国特色社会主义事业的亮点和特色之一。在十九大报告中，人民美好生活出现在全文的各个地方，足见其实现的紧迫性，生态文明作为美好生活的一部分，其实现也具有重要性。在我国社会主义发展过程中，无论是生态文明建设还是法制建设，都发挥着不可忽视的重要作用，二者的发展程度在很大程度上也显示了我国的社会主义事业的进展。在我国的文明转型中，不仅要倡导法治体系的发展，更要关注生态文明体系的发展。尽管生态文明建设和法治建设属于不同的领域，但是在社会的发展过程中它们之间的联系是非常紧密的，在实践中还有一种相互补充的密切关系，生态文明建设和法制建设会相互促进，在新时期新形势下，实现二者的融合发展。

## 第二节 发达国家的生态法治经验

在发达国家最先爆发了生态危机，而这些发达的国家也是最先开展生态治理和防护的国家。在实行生态治理的过程中，各个国家普遍都重视立法的作用，可以说完善的法律体系是进行生态环境保护的有力保障。在市场经济体制之下，政府制定严格的法律规范，以此约束人们的行为，降低人们的生产消费活动对生态环境的不良影响。因此，生态法治是开展生态文明的必要环节。

### 一、建立严格的立法体系，对环境保护起到监督作用

西方的大多数国家是资本主义国家，政府是一个国家权利的执行机构，保证国家行驶在正道上，不偏离既定的轨道。政府的立法行为就是一种权利的再分配，用强制力约束公众和政府工作人员的行为，在人们心中逐渐成为一种道德的约束。发达国家想要进行生态文明建设，必然要通过完善法律法规，用立法的形式禁止破坏生态环境的行为。可以说，生态环境的治理离不开严苛、有效、完善的法律法规体系。同样，该体系的建立还可以为政府工作人员的执法行为指定方向。

如前所述，在第一章我已经讲到了在西方国家爆发的一系列生态危机事件，为了治理这些问题，西方发达国家必然要治理环境污染问题，其中立法保护对于防治生态环境污染立下了汗马功劳。例如：1952 年，在英国

伦敦曾经爆发了骇人听闻的伦敦烟雾事件，这一事件的爆发给世界人民留下了深刻而沉痛的教训。在汲取了伦敦烟雾事件的惨痛教训后，英国率先开始进行了空气污染治理。1956 年，英国率先出台了世界上第一部《清洁空气法》，随后又出台了《工业场所健康和安全法》《空气污染控制法案》《空气质量战略草案》等，英国以立法的形式确定了防治空气污染的战略意义。伦敦烟雾事件的发生是英国开展环境保护的转折点，为英国人开展生态保护行动奠定了法律基础。这一系列的法律法规，为空气污染治理提供了有效的支持与保障。经过英国人民的不懈努力，有毒烟雾已经在 1965 年从英国消失，随之而来的汽车尾气的污染，英国又有针对性地制定了完善的法律法规。

英国并非仅局限于制定大气污染防治法，它还针对在人们生活中出现的水污染、噪声、森林等涉及人们生活方方面面的危机，制定了相应法律对策。例如：针对在城市和乡村中经常出现的水污染问题，英国政府出台了 1960 年的《清洁河流法》、1963 年的《水资源法》、1973 年的《水法》、1974 年的《海洋倾废法》等；针对噪声污染，出台了 1960 年的《噪声控制法》；针对能源问题，出台了 1965 年的《核设施安装法》、1971 年的《油污染控制法》、1972 年的《天然气法》，等等。除此之外，还有有关森林、乡村、城市、食品、公路等法律法规，涵盖了人们生活生产的全方面，在此就不一一赘述。

现阶段，英国已经摆脱了"雾都"的称号，成为一座空气清新、环境优美、充满人文历史风情的现代化大都市。英国之所以有这样的成就，还要得益于伦敦烟雾事件的发生。伦敦烟雾事件为英国人民敲响了警钟，让英国人民意识到保护环境迫在眉睫。因此，人们为了自然和人类的可持续发展，为了保护人们的生存，就必须制定一系列完善的法律法规政策来保障环境保护行为的实施，在政府强大的执行力下，辅之法律法规，为生态环境保护保驾护航。

## 二、环境保护写入宪法，体现宪法权威

德国在西方国家中是最早将环境保护写入宪法之中的。早在二十世纪七十年代，德国就积极讨论将环境保护的内容写入宪法，于是在后来修改宪法的时候，德国就将环境保护的内容正式写入了宪法之中。该宪法的确立让环境保护成为整个德国的追求目标。

德国在将环境保护写入宪法之后，也制定了一些环境保护法律法规，用来辅助人们合法地进行生产生活活动，人们在法律规范约束的情况下，可以有秩序地开展生产活动同时保护生态环境。这些法律体系完善，并且涵盖范围很广，主要涵盖了政治、经济、社会、资源等方面。目前，德国已经制定的环境保护法律法规主要有《保护空气清洁法》《垃圾管理法》《环境规划法》《有害烟尘防治法》《水管理法》《自然保护法》《森林法》《渔业法》，等等。

## 三、在政府引导下的全民运动，引发了环境治理综合运动

环境问题是个社会性的问题，关系到社会生活的方方面面，环境问题的治理过程中靠政府的力量很难取得成功，在环境污染治理方面要充分发挥人民群众的力量，充分调动人民群众环保的积极性，促成企业参与，全民互动的环保局面。二十世纪六十到七十年代，是日本经济飞速发展的高速时期，同时伴随而来的还有生态方面的环境问题。那时候的日本小学的校歌中以"工厂的烟囱上有七彩的烟"来赞叹日本经济发展的繁荣状态。就是在这样一种情形下，日本政府开始意识到人类活动对生态环境会造成不良的影响，于是政府方面提高了环境保护的意识，加大了生态治理的力

度，并且强调开展生态立法工作用来保护生态环境。日本先后通过1951年的《森林法》，1958年的《水质保护法》和《工厂废物控制法》，1962年的《烟尘排放规制法》，1967年的《环境污染控制基本法》，1973年的《公害健康损害赔偿法》，1993年的《环境基本法》，等等。另外，日本在治理环境方面除了运用立法的保护之外，还积极调动人们参与的积极性，让广大人民群众参与到环境保护工作中。举例来说，日本在治理琵琶湖污染方面除了利用立法手段外，充分调动了人民大众的积极性。随着工业的发展，人民生活方式的转变，日本的琵琶湖被污染，湖泊水质下降，生态环境受到破坏。为了治理污染，地方政府制定了琵琶湖综合发展计划，同时强化了相关法律条例的执行力度，如《水质污染防止法》等；为了控制工业污染，琵琶湖采取了严于日本全国的污染物排放标准；对农业社区的污染也严格限制，对小企业提供低息贷款，用于建设污水处理设施；为了动员全民参与，地方政府采取划片分区的方式，将琵琶湖周边地区分为若干小流域，在每个小流域设立研究会，每个研究会选出一个负责人，负责组织居民、企业代表参与综合治理计划的实施。

综上所述，日本治理琵琶湖的政策措施成功之处在于：对于已有的污染问题要有针对性的治理策略和专门的法律做保障；同时充分发挥国家、政府的调控作用，在具体政策实施过程中注重发挥广大人民群众的力量，充分调动人民群众参与环保的积极性；在法律、法规以及政策的引导下，利用经济调控手段，配合工程建设和宣传教育的手段，对环境问题进行综合地、全方位地治理。

## 第三节　我国生态法治建设治理现状

新时代我国生态文明法治建设步入了全新的阶段，随着改革开放的不断深入，人民的认识水平不断提高，生态文明建设与法治建设在这四十年来也取得了长足发展，生态立法、生态执法、生态司法在各个领域也不断更新。我国的生态法治建设在改革开放的四十年来具体可以分为三个阶段，1978-1989 年生态文明法治建设初步发展阶段，1989-2014 年生态文明法治建设完备阶段，以及 2014 年至今的生态文明法治建设快速发展阶段。在各个阶段中我党运用马克思主义作为指导，同时也取得了相应的成就，但是我国的生态文明法治建设由于起步较晚，很多地方还没有达到完全与社会状况相结合，存在着许多漏洞，这就要求我们立足于当前的法治体系并且不断发展相关法治体系来应对环境发展方面的难题。

### 一、我国生态文明法治建设中取得的成就及分析

在秦朝时期，制定并颁布了我国第一部有关环境的成文法典——《田律》，这一法律涉及农田水利建设和山林保护等问题。在"中华民国"时期，政府曾经颁布有关渔业、狩猎等方面的法律，但是直到新中国成立这段时间内，都没有引起人们的足够重视。1973 年，在周恩来同志的带领下，召开了第一次全国环境保护会议。自此以后，生态环境保护工作开始纳入国家的发展规划中，在全国范围内达成共识。

1. 新环保法视域下的生态立法体系快速发展

西方的发达国家最先开展工业革命，最先经历了生态危机，同时也最先开展生态环境保护方面的工作。一个国家平稳有序的运行，需要法律这样一种具有强制力的手段，政府作为一个执行者辅助法律的实施。中国在进行生态文明建设过程中，必然要完善立法体系，这是生态文明开展的重要基础和保障。

1979 年，国家颁布了《中华人民共和国环境保护法（试行）》，并于 1989 年 12 月正式实施。《中华人民共和国环境保护法（实行）》的立法目的是"保护和改善生活环境与生态环境，防治污染和其他公害，保障人类的身体健康，促进社会主义现代化建设的发展。"在改革开放的 40 年发展过程中，我国的《环境保护法》经过不断修改，在 2015 年正式实施，我国的环保法作为我国法律体系的组成部分之一，呈现出以下三个主要特点：

首先，《环境保护法》的不断修订体现了人们生态环境保护意识的提高，以及在人们不懈努力下的完善。在新时代潮流的发展趋势之下，我国紧跟时代的发展潮流，并且在借鉴发达国家有利经验的基础上，对环境保护的法律体系进行不断的完善，这些表明我们党对于社会经济发展情况十分了解。随着时间的推移，我国的环境保护工作也已经实行了一段时间，有关环境保护的法律不断修订、不断增加，同时也表示中国的社会发展历程正在不断地深化。社会发展历程不断深化的同时，我国将要面临的生态危机和挑战也将会越来越多。

经济基础决定上层建筑，我国的经济发展水平正在不断地飞速提升，生产力也在稳步前进。当经济基础有所变更的时候，上层建筑为了适应经济基础也要做出改变。原有的法律已经无法适应社会的发展时，法律体系就必然要发生变革，出现更加健全、更加完善的法律体系。

"环境法作为一国统治阶级在组织、领导、指挥、协调环境保护活动方面意志的体现，是一国法律体系的有机组成部分。它必须具有法律整体的共同属性，阶级性、国家意志性、强制性、规范性、概括性、可预测性等。过去，人们在谈到环境法的性质时，往往只强调其阶级性。"新环境保护法的颁布，也显示了我国现行环境立法体系正在深入发展，处理环境立法的方式越来越及时和迅速，立法方向越来越注重人类的发展，而且立法更专业。在《环境保护法》中，创新性地增加了行政管理方法、侵权损害赔偿等相关法律，以及国际合作和配套实施的内容等。这部被誉为历史上最严格的环境保护法，对违反法律和破坏环境的行为加大了处罚力度。那些严重破坏环境的人可以被定罪。另一方面，它赋予行政执法部门更大的权力。同时，对不违法、不作为的行政机关，也采取了相应的纪律处分措施。新环境保护法在赋予权力的同时，也增加了责任，实现了权力与责任的统一。

2. 权责一致视域下的生态执法体系逐渐规范

有了完善的法律法规体系，有了权力行使的依据，就要有一个强有力的执行者来实施这一规范。法律的权威性就体现在法律的有效实施上，在具体的实践过程中，辅之行政机关的执行力，才能够体现法律的权威性和行政机关的执行力。我国在进行环境保护活动中，制定了一系列的生态环境保护法律法规，这些法律规范制定的目的是为了让行政机关在具体的环境保护事件中，可以做到有法可依、有法必依，为行政行为提供坚实的理论基础。二十世纪七八十年代，我国进行改革开放，增强了综合国力的同时，也让外国的文化传入中国，中外呈现水乳交融的盛景。在外国思想的影响下，中国人民不断提高环境保护的意识，深化了行政机关的环境执法理念，强化执法方式，逐步形成了一个具有一贯权责的公开透明的环境执法体系。中国共产党第十八次全国代表大会后，中国的环境执法体系发展迅速，环境执法方式越来越严格，形成了环境执法的新常态，这体现在执法观念的巨大变革。在生产力水平低下的年代，生产规模不大，对于环境也不构成严重影响。人们想方设法地提高生产力，目的是为了解决温饱问题。到了吃喝不愁的年代，人们有闲心慢下来去环顾周围满目疮痍的自然，唤醒了生态意识。人们的发展中心开始由经济建设转向生态建设，执法方式由单一化向多元化发展，执法部门职能得到完善，执法内容不断深化。

近日，国家根据生态文明的建设要求颁布的《关于深化生态环境保护行政执法综合改革的通知》，受到社会各界的高度关注。作为生态文明建设的重要指导意见，国家明确提出各事业单位在生态环境保护行政执法方面要贯彻落实各项政策，深化改革进程，对生态环境保护做出积极的贡献。指导意见要求，各级执法部门在履行职责的过程中，要明确和细化执法体系，明晰执法界限。我们要认真学习和理解指导意见精神，建立一支优秀的综合执法队伍，规范执法行为，逐步完善生态环境保护事业的执法体系。

中华人民共和国越来越重视生态文明建设，生态文明建设的步伐越来越快。加之国家对于生态文明建设的宣传力度加大，让生态意识深入每个民众的心中，让越来越多的人加入环境保护的队伍中，环境保护已成为生态文明建设和发展的重要原则。

现如今，我国生态文明体制改革的行动蓝图已经筹备完毕，继续深化改革我国环境执法体制和机制，以习近平生态文明思想作为理论指导，形成一个良好的公共治理、市场治理、政府互动、公民参与的环境治理局面，并且确立行政机关领导责任制，让人民群众与行政机关之间形成互相监督的关系，提高行政执法的透明度和效率，加快环保检查员和问责制的制度化，并且让行政机关监督人民群众的环境行为，做到用最严格的执法手段，保护和加强环境执法，为广大人民群众谋福利。

### 3.公平正义视域下的生态司法体系逐步改善

公平正义是人类社会追求的目标，无论是资本主义国家还是社会主义国家，每一个国家都在追求社会的公平正义，公平正义也是衡量一个国家经济发展水平的重要指标。一个社会的和平、人际关系的和睦相处，是以公平正义作为前提条件。在一个社会环境中，想要实施公平正义，最重要的是要有政府权力部门的支持。

公平正义是我国构建社会主义和谐社会的目标之一，是衡量我国发展程度的重要标准。2005 年，胡锦涛总书记在省部级主要领导干部提高构建社会主义和谐社会能力专题研讨班的讲话中指出：公平正义，就是社会各方面的利益关系得到妥善协调，人民内部矛盾和其他社会矛盾得到正确处理，社会公平和正义得到切实维护和实现。满足公民对社会公平正义的要求，提升公民的幸福感和满意度，必须具备较高的经济发展水平和较好的物质条件。无论是十年前，还是二十年前，我们的初心不变，都是要构建人与人、人与自然和睦相处的人类社会，在这样一个和谐社会中，我们着力于发展社会经济，增强综合国力，不断地实现社会的公平正义。公平正义按照字面的意思来说，是实现人与人之间地位的平等，保证社会秩序的正义。实质上，这种公平正义指的是权利的平等，这种平等不是平均。

综上所述，中国开展生态文明建设的步伐几乎是与改革开放的步伐同步，可以说，改革开放政策的实施为我国生态文明建设提供发展的动力，提供经济物质的保障。我国开展生态文明建设，必然要建立公平正义的社会环境，在这样一个环境中，人们的力量被拧成一股绳，同时致力于经济建设和生态建设，在提高生产力发展的同时，对生态环境问题进行防治，让人们既能获得生态效益，也能够获得经济效益。每个人保护环境的权利均等，保护环境同时也是每个人都应该履行的义务。生态文明建设不是一个人的事情，是全球人民的共识。

### 4.生态法治监督体系日趋健全

生态法制监督是指在执法过程中违反生态法律法规的行为。在中国共产党第十八届中央委员会第四次全体会议上，中国共产党中央委员会在关于重大问题事物研究中提出强化权力的监管机制，规范权利的使用。加强对权力的监管显得十分重要。我国建立了专门的检察院制度用来监管权力部门的权利实施状况。另外，在权力机关内部还应该建立自查监管体系，单位各个部门的工作人员都应该对彼此的行为进行监管，让权力在合理范围内运用。在社会各界的共同努力下，让每一项权力的实施都暴露在阳光下，加强权力实施的公开透明程度，将权力装在笼子内，完善检查的体系。

2015年，最高人民检察院就监管问题提出的指导意见中，明确要求各检察院要加强能源和环境建设。政府作为重要的职能部门，对生态法制监管体系建设负有直接责任。身为社会主义社会中的一员，作为中华人民共和国的一个守法公民，无论身份是国家工作人员，还是普通的人民群众，都应该行使自己的合法权利，坚决抵制破坏生态环境的行为。总而言之，身为中国人，我们就应该坚决地遏制破坏环境的违法行为，对国家机关工作人员不作为或乱作为的行为进行监督和检举，始终将生态文明建设放在工作的重点方向。《中华人民共和国宪法》第二条在社会团体和公民法律监督方面明确规定，人民可以通过各种途径参与公共事物的管理，提出自己的诉求，在社会活动的参与中享有监督管理权利。从这一角度看，这一规定为公众在生态文明体系的建设中提供保障，为自己权利的形式提供依据。《中华人民共和国立法法》第五条规定，保护人民不受各种途径的立法活动的侵害。第十二条、第十三条、第二十四条、第二十五条对权利人的组成进行明确，在诉讼活动中具有重要的指导意义。公众参与生态文明建设的主要渠道有听证会、座谈会以及问卷调查等方式，是反馈人民诉求，完善相关立法，让公众的参与可以对生态文明建设起到很好的监管作用。另外，还可以发挥媒体的宣传和监督作用，让媒体对生态文明建设进行跟踪报道，还能够发挥媒体对破坏行为进行监督的作用，及时发挥媒体的曝光作用，让广大人民群众能够及时了解生态文明建设过程中取得的成果和不良的行为。各界新闻媒体纷纷设置专栏跟踪报道生态文明建设，当立法机关修改法律时，修改后的意见发布到平台上，让人民群众积极地献言献策，广泛吸纳人们对生态文明建设的意见建议。

总之，以上这些举措对于我国的生态文明法治建设具有重要的意义。生态文明的建设不是一个人的事情，而是全球人民的共识。生态法律法规的制定和颁布是生态文明建设实施的基础，国家工作人员的强大执行力是动力，公众的参与是监督力量，媒体的宣传是保障。因此，建设生态文明是大家共同努力的方向，大家都应该积极地献言献策，发挥监督作用。

## 二、我国生态文明法治建设过程中存在的问题

2019 年 3 月 2 日，最高人民法院召开了"中国环境资源审判新闻发布会"，发布了《中国环境司法资源报告》和《典型生态环境保护案例》。这些典型案例暴露出以下相关问题：公民法治意识淡薄，生态环境保护观念淡薄；生态执法漏洞严重，生态执法发展不够全面；许多行业存在监管问题；水污染、噪声污染、固体废物污染等与居民生活密切相关的污染源在治理中存在问题；侵犯公民的财产权、生态权、环境知情权。有关行政机关行使职权比较被动，不利于监督。从这些问题可以看出，我国生态法治建设还需要在立法、执法、社会监督和公民遵纪守法等方面最大限度地加以完善，以解决生态法治建设中的各种问题。

### 1. 生态文明法治建设中的立法问题

随着我国经济水平的不断提高，当前的经济发展水平已经基本解决了温饱问题，这是影响人类生存的重要问题。当我国已经解决温饱问题的同时，国家注意到自然环境中出现的危机是需要人力来共同治理的，于是生态文明建设成为当今国家工作的重点。

生态文明立法是保障生态环境的重要法律依据，截至目前我国政府已经出台近 30 项政策法律，行政法规 90 余部，各级单位规章制度 600 多部，国家环境标准近 1 500 项用来完善生态文明法制体系。完善的法律体系的建立对于我国的生态文明建设具有重要意义，让国家工作人员的执法行为做到有法可依、有法必依，为公众提供法律规范。法律体系的建立对打击环境违法行为起到重要的作用，也体现出我国生态文明建设法制体系的逐步完善。但是我们也要清楚认识到生态文明建设是一个长期而复杂的工程，现有的立法体系还处在摸索阶段，依然有很多需要完善的地方，还需要广大的人民群众积极地献言献策，为我国生态法律体系的完善贡献出自己的一分力量。目前，我国的生态法律体系的建设还存在一些问题，这些问题主要体现在以下几方面：

首先，它体现在立法分裂的错位和环境保护的整体性。现有的生态立法体系只是片面地对环境保护中出现的问题进行立法，存在盲目性和滞后性，在环境全面整体保护方面还不足，无法真实地反映保护对象的客观规律。生态立法的分散是客观存在的，生态文明建设体系就是一个不断完善的过程，随着我国生态立法体系的不断完善，各部门之间的分工逐渐明确，生态立法的适用范围和涉及领域也在不断增大。目前，生态立法主要有三个方面：污染防治法、自然资源法和生态保护法。这三种立法形式都是以环境作为依据，从不同的层面对环境进行保护。生态立法具有复杂性，涉及领域广。

随着生态文明建设体系的不断深入，精细化、科学化管理生态环境必将成为趋势，环境保护的范围扩大，分工精细使得现有的生态立法体系更加分散，在立法体系上的整合难度更高。生态立法的碎片化是时代发展的客观现象，是我国环境立法制度不断完善的产物，生态环境中涉及的要素众多，彼此之间存在密切的联系，这也是生态环境复杂性的成因。因此，只有尊重和遵循自然界生物发展的客观规律，才能发挥生态立法的效能，才能从根本上解决生态保护问题，提高生态文明质量。这就要求碎片化立法要具有科学性和针对性。但是我国现有的生态立法中无法体现出自然生物发展规律的特征，相关执法部门在执法中缺乏行之有效的法律依据。结合我国现有的法律体系得出，法律必须是一个具有严格内在逻辑的统一体，才能发挥其在调节社会秩序中的预期作用。立法的碎片化使得立法的功能无从体现，执法部门执法难度加大。虽然生态立法已经发展了很长时间，但它还远远没有形成一个逻辑上和自我一致的法律统一。在法律实践中，价值评估规则始终存在着矛盾、错误和漏洞。

其次，立法专业化会对环境保护中的民主性造成巨大冲击。一方面，生态立法具有的专业性会影响公众对于生态保护的认知。在生态文明体系建设以及相关法律制度的完善中，由于技术专长、科学的不确定性和环境保护的全面性，社会关系的筛选和所涉及的利益的测量都会出现众多麻烦，所以在立法方面需要保证全面性和专业性。环境行政主管部门在环境信息的采集和检测方面具有绝对的优势，同时其也是环境保护的执法部门。在长期的环境执法过程中积累了丰富的经验，能够全面真实地掌握环境保护中存在的问题，因此在生态立法中有着重要的话语权，对于我国生态立法系统化建设具有重要意义。但是环境保护牵扯的利益众多，不同的群体对于环境的诉求不同，具有强烈的民主性。现代民主要求环境管理和立法中要始终体现公开性和客观性。为了更好地进行生态文明建设，我们必须转变理念，实现专业性和民主性的结合，从多方面全面保证生态立法的科学性、民主性顺应时代发展的潮流。

最后，对法律的有效性和立法规范性中存在的问题进行阐述。目前的法律体系建设主要是法律的规范性建设，但是在生态环境保护中的作用却无法有效落实。简而言之，我国生态文明建设的法律体系没有结合自然界事物发展的规律，没有根本解决环境保护问题。生态法制的完善是建立在国家经济发展和福利制度完善的基础上，是现代化国家的重要标志。随着我国现代化经济呈现飞速发展的趋势，人们在利益诉求方面也呈现着多元化的趋势。传统的观念无法适应现代的经济模式，也不符合现代化国家的管理理念。作为一个发展中国家，我国的立法体系建设要比发达国家晚，法制建设周期相对较短，我国在立法工作方面严重落后，跟不上国家建设的需求，因此在立法过程中往往会忽视实际的客观规律，一味地追求立法数量，最终造成立法社会功能的缺失，立法工作不清晰、不科学。

2. 生态文明法治中的执法问题

生态法治建设是一个漫长而复杂的过程，在这一过程中，执法比立法和司法更为重要。在我们党的"十三五"规划纲要和生态文明体制改革总体规划中，明确提出生态执法体系是生态保护效果的直接体现，是执法部门重要的执法工具。

目前，我国的生态执法效果不明显，执法能力还没有达到社会发展的要求，环境事件的统计数据不断增长，环境群体性事件层出不穷，每年呈现较快的增长趋势。2012 年，我国处置的重大事件中有 49% 的主要污染物排放要求缺乏法律依据，造成严重的环境污染，约 70 % 的环境法律没有得到落实，执法部门监管不力。但所有这些都不能简单地归结于生态执法部门。

我们应该从根本出发，找出生态执法体系面临的两难困境。

首先，我们应该继续发展和完善生态执法考核制度，进行由上至下的改革，打消各个地区只要经济发展不要生态环境的发展方式。在我国目前的新《环境保护法》中提出"县级以上人民政府需要对本辖区的环境负责"，同时建立考核制度对各级单位的表现进行评分。其中《生态文明体制改革总体方案》也提出要建立健全完善的生态文明考核制度。促使各级部门建立绿色可行的生态文明建设方案，落实各项规章制度，实现科学管理。完善生态文明建设中的各项考核细则和标准，把资源消耗、破坏环境、生态效益作为考核的主要内容，结合不同地域的特征制定出符合当地环境保护的考核办法。目前我国的生态执法方向非常明确，但是我们需要注意的是，想真正实行与发展必不可少的就是建立配套的法律发展体系以解决实践中的执法问题。生态文明考核制度还需要配合完善的生态责任制度才可以对生态文明建设起到很好的效果。生态责任包含法律、规章、行政等方方面面。将生态考核与政府官员的经济利益直接挂钩，建立终生责任追究机制，明确直接负责人，不管政府官员是升迁还是离职，只要出现问题都要追究其责任，让监管制度伴随其终生。在强大的监管制度之下，各级部门都会认真履行各项政策，规范自身行为，执法过程中有法可依有法必依，提高生态文明建设质量。

其次，在生态法治执法中要实行行政体制发展一体化建设。环境保护的目的具有复杂性，在进行生态文明建设时，不同地区抑或是不同部门对发展或是利益诉求不尽相同，如果不能认清这个观点在执法时会造成执法视野狭窄，从而造成了执法"死循环"。这就要求我们既要发展自上而下的生态执法体制，又要发展执法部门之间的合作机制，这就避免了执法单一的局面。《中华人民共和国国民经济和社会发展第十三个五年规划纲要》

中对于环境治理改革提出细则要求，要求省以下环保机构要直接对当地环境保护工作负责，优化环境保护治理体系，合理分配社会资源实现对生态保护的科学管理，消除地方保护造成的社会效能缺失。2016年，国家颁布的《关于省级以下环保机构监测监察执法垂直管理制度改革试点工作的指导意见》，对于我国环境执法体系的工作进行明确，对于各级政府提出明确要求，主要内容总结为：市级环保局需要在省级部门的管理下完成各项行政任务，直接接受省级环保厅管理，县级环保局要配合市级环保局开展各项工作；将环境监察权利收回，设置专门的部门对环境进行考核，派驻专业的技术人员深入当地对环境进行考评；在全省范围内实现对各市县环保工作的全面监察，将得到的数据提交给省级环保部门，根据当地的环境情况进行差异化考核，实现统一管理科学考核的目的，对于出现问题的部门要制定惩治机制，追究相关负责人责任。

最后，我国要建立多元化的生态执法手段，满足复杂生态环境治理的需求。目前我国行政执法的特征为惩治性。相关的行政执法部门发现企业存在环境保护方面的问题时，只会对违法企业下达责令整改的指示。虽然这一做法可以在短时间内收到成效，但是从长远来看其实问题依然存在。我国现行生态法律、法规规定对于违法行为的执法力度不严，企业的违法成本较低，罚款数额相对于企业利润来说，不会造成巨大影响，因此无法真正解决环境问题。我国执法手段单一，执法力度不严。面对这一现状，就必须建立一个与现行生态法律体系相适应的完善的生态执法体系，采取多元化的执法手段，建立长效的责任机制，使用刚柔并济的执法方式。这种刚柔并济的执法方式指的是采取惩罚的刚手段与教育的柔手段相结合，不能只依靠单一的惩罚措施来管理企业行为，还应该对企业的相关责任人开展柔手段教育，让他们了解保护环境资源的重要性，引导他们加入到保护环境的工作中。借助人民大众的力量开展环境保护工作，并且借助政府的宏观调控手段，帮助企业进行产业结构升级，实现企业的更好更快发展。虽然我国的刚性执法以法律作为行动的依据，现阶段已经呈现成熟的状态，但是柔手段现在还处于摸索的阶段，执法经验不足，在现实执法过程中还难以实现。针对这一现状，笔者有一点建议。企业不仅看重经济效益的获得，还注重企业的名誉称号。执法机关可以通过对在保护环境方面做出突出贡献的企业进行嘉奖，在全市乃至全国通报表扬的形式，强化企业保护环境的行为，激励其他企业效仿，掀起全民族企业保护环境的热潮。

3. 生态文明法治建设中的守法问题

第十八届四中全会明确指出，我国未来要向法治型国家、社会以及政府的方向上发展。而这一建设的关键点就在于全民守法体制的创建。而要想达到法治建设的目标，就要重视公民法律意识的培养。法律所起到的作用不仅仅是对违法行为进行判决，同时还对公民的行为形成约束。因此，公民都应该意识到自己本身应该承担的法律义务并不断约束自己，增强法律意识，养成良好的道德观念。

因生态法律并不是简单的法律，它的施行需要对各界利益进行综合的考量，拥护大多数人的利益才能得到广泛的支持，所以在进行相关的宣传教育时，要确保法律规制对象专业化的守法信息需求可以得到满足。并针对主体守法依靠的经济成本等进行详细的说明，制定出各种守法行为方案让其能够进行挑选，从而使该项教育可以真正发挥出作用。相对来说，国外的相关体制比较先进，资源也有很多。举例来说，1980 年美国就曾推出了《规制弹性法》，这一法则是为企业的行为制定一系列的行为标准，引导企业在合理的范围内开展生产活动，不违反环境法律。1996 年到 1999 年这一时间段，该国联邦环保局制定的指南超过了 2 000 个。这一类指南当中涵盖了多项内容，包括立法背景、法律体系的介绍，以及技术标准与推荐技术、设备应用潜力、典型案例、社会认同与公众参与等，可以说是内容十分丰富。而其中的守法导则相对来说专业程度很高，针对性强并且十分灵活，可以促使公众更深入地了解相关的法律知识，避免产生纠纷。

在国内，环保部也颁布了相关的守法准则，例如：《燃煤火电企业环境守法导则》《制浆造纸企业环境守法导则》等。但是相对来说，国内的守法宣传教育在技术设备以及经济成本方面的内容不多，只是针对知识进行传播，无法有效提高企业的守法能力。因此，在之后的发展中，要细化守法引导并将其加入非正式规则体系的范围内，同时不断提高专业水准，实现制度化以及体系化的多重推进，帮助守法主体提高其守法能力。想要公民守法不能只是依赖于法律的强制性，要在其他社会系统相互协作的情况下才能实现这一目标。需要依靠的是政策引导、法律强制、技术改良、道德说教、经济激励这一整个链条，要是达不到其中的某一项，则会影响该目标的实现。将目标投入到我们的现实生活中来看，虽然说政府对于企业在生态环境破坏方面制定了惩罚措施，但是大多数的惩罚措施还是以罚款为主，相较于企业每年获得的巨大利润来说，这些罚款数额对于企业来说微不足道。从根本上来看，这种守法体系的建设存在一定的问题，政府现阶段只知道用罚款等金钱惩罚的形式来判处企业，但是却没有让企业真正地形成一种良性的认知，也没有让社会环境发挥其对于主体的指引作用。在现实生活中，我们为了保护生态环境，国家开始推行"禁塑"政策，但是推行的效果却不是很好，原因在于人们还没有找到塑料的替代物。这一政策的推广虽然让人们开始形成保护生态环境的意识，在日常生活中减少塑料的使用，但是推广程度依旧没有得到很大的提升。相较于禁塑令来说，禁摩令在全国范围内得到了广大人民群众的普遍支持，这是因为人们找到了摩托车的替代物——电动车。电动车作为一个用电力提供动力的交通工具，不会排出废弃物污染空气，还能够达到像摩托车一样的速度，加之政府政策的指导，公民就很容易自发地在内心深处形成一种共识，用电动车作为代步工具。

综上所述，政府想要建立一个守法的生态社会，就必须让公民从内心深处认可这一项。因为内部的约束和外部的约束是相辅相成的，只依靠政府法律的强制性，可能在短时间内收获一定的成效，但是从长远来看，人们没有形成自我的内部约束，随着时间的推移就会被人类所淡忘。另外，公民的守法行为还受到物质激励以及价值认同的影响，而要想让行为引导的模式代替行为强制，不仅要法律方面的支持，提升违法的成本，同时还要让法律可以促进市场形成，并推动科技水平的提升。这不单单只是确保财政投入以及抑或是政策宣示功能，关键点是利用预期功能告知社会各个子系统规范性的信息，从而让所有的系统能够相互配合，发挥应有的作用。

4. 生态文明法治建设中的法律监督问题

现阶段，我国的生态法律体系构建较为完善，并设立了中华人民共和国生态环境部，专门用来监督环境问题。生态环境部是国务院的一个下设部门，负责制定生态环境基本制度，起草法案、规划、标准等，还负责对环境问题进行监督监管，是一个针对生态环境问题而专门设立的专属部门。

目前来说，国内的环境监督部门涵盖了环境保护监督管理机关等，在环保监管方面起到了重要的作用。在社会经济水平的进一步提升中，国内的监督机制不断完善并最终构成了全面性的监管布局，有关的监管体系还比较完善。但是在现实情况中，环境监督存在着很多的问题，比如说对于突发事件的应对能力不强，对所辖范围内的情况不能及时掌控等。具体存在的问题有以下几点：首先，监管过于形式化，因生态文明的专业性较强，所以对于行政人员的要求也很高，但是在实际当中，这方面的专业人才比较匮乏，这样一来就很难起到监管的作用。其次，这方面的法律监督社会方法不够多样化，社会监督基本上是自上而下这一模式，像是公共监督以及媒体监督。通过法律监督能够调动公民的参与积极性，提高公民参与度，但其中的问题也显而易见，如没有完善的制度，媒体监督独立性较差等。

总之，目前国内的经济水平不断提升，政治制度不断完善，科技水平不断地提高，人们的生活越来越好。为了我们人类的生存，我们要注重环境保护，为了人与自然和谐相处，实现双方的共同发展，我们要让自然从我们身上获得好处。因此，建立一个环境保护的生态文明法治体系非常重要。我们应该充满自信，并推动我国特色生态法治体系建设，建立起生态法治本土化的信心。在此基础上进一步促进生态文明的发展，并实现五大发展战略，进一步实现依法治国、创建"美丽中国"等目标，以"中国立场、世界眼光"为根基，正确理解我国生态法治体系建设，并创造出具有本国特色的生态法治理论和学术话语体系，使我们国家的特色生态法治能够带动全球范围内的生态法治革新。

# 第四节　加强我国生态法治建设的途径和对策

改革开放后，我国的综合国力稳步提升，生态文明建设也随之提上了日程。现阶段，国内生态法治建设取得了较大的成就，但是还是存在问题，例如立法、执法等问题没有得到根本性解决，法律监督力量薄弱，人们的法律意识依旧不到位，这就需要我们坚持走生态文明法治建设之路，实现生态文明的长足发展。

## 一、坚持人与自然和谐发展的立法理念

法治理念的发展决定着法律的发展方向，生态立法是立法活动的一个特殊领域，不同于其他法律的是生态立法倡导人与自然和谐相处的立法理念。人们在进行立法的过程中，不仅要重视人的发展，还应该重视自然的发展，法律制度的建立必然是能够影响并促进人和自然朝着好的方向发展。更重要的是人类要明确人类本身是自然界的一部分，对自然产生影响，也会对人类本身产生连锁反应，因此，人类要想获得进步和发展空间，就必须用平等的态度对待自然，将自然放在与人类平等的地位上。在生态立法过程中要注意将人与自然和谐发展的理念贯穿于其中。

针对我国的国情，坚持一切从实际出发，实事求是，将人与自然和谐相处的发展理念贯穿于生态法治建设的始终。由此，在拟定相关生态法律过程中，才能够避免盲目立法，建立一个反映中国国情的合理的生态法治体系。

我国的特点是幅员辽阔，民族众多，在很大程度上民族之间、地域之间具有差异性，这种差异性表现在方方面面。虽然我们实行民族区域自治制度，但是仅仅依靠民族区域自治并不能更好地发展，我们必须根据实际情况实行配套的生态发展政策，甚至在不同的地区生态治理的问题也不尽相同，这都需要我们根据情况的不断变化适时、及时地出台相关法律政策引导其发展，把自然本身的生态调控与国家政府立法相结合，达到生态环境立法体系的最大发展。

## 二、吸收借鉴国外优秀生态法治经验

现阶段中国在全球化的浪潮中，积极奉行改革开放政策，综合国力大大提升，然而在这一过程中，我国也面临着许多环境方面的问题。欧洲各国比我们更早经历了工业革命，也更早面临过生态危机，对抗生态危机的政策出台也比我们要早，加之他们不断地摸索实践，现阶段一直沿袭的法律说明是经历过历史和实践的见证的，是具有合理性的法律体系。因此，我国应该积极、虚心地向国外讨教，立足于本国的国情，创造出适合我国的生态法治体系。

## 三、合理执法，创新执法手段

生态法治体系在实践过程中，权力的实施主体在于国家工作人员。在生态法治体系中主要包括立法人员、执行人员和监督人员，各个部门较多，部门之间权力上具有交叉性。执行人员是法律的施行主体，是协调公民与法律的重要枢纽。目前，我国在环境执法的某些方面还具有空白性，执法队伍有时并不能发挥其真正作用，所以要求我们充分发挥法律的调节作用，完善生态执法制度，使生态执法能处处体现公平公正，更好地建设生态文明法治体系。

首先，执法人员在进行执法工作时，要以生态法治体系作为行动的依据，在执法过程中不能滥用职权，要严格按照法律规章制度开展执法活动，保证执法活动充满合理性、合法性。执法人员在进行调查的过程中，如果发现违法行为、违法活动，就必须运用合理合法的手段惩处该违法行为，并且在执法过程中不能滥用职权，对被执行人员的身体和心灵造成伤害。

其次，在从事工作的过程中，还要与相关部门进行积极联系，这样更有助于完成任务，同时也能深入掌握执法人员在进行执法过程中的实际情况。如在执法过程中，义务人员不履行相关义务，则执法工作者可以向上级有关部门进行及时反映，也可以直接交由司法部门或是法院进行强制执行，在执法过程中必须保证执法行为受到法律保护。

最后，在执法过程中要掌握执法主动权，如出现当事人不在的情况，可以采取邮寄方式或是留置送达等方式。在执法手段上应积极地进行创新，而不是按部就班地依照传统形式进行。在进行执法工作的过程中，要积极地进行宣传，引导群众参与进行。

## 四、完善法律监督机制

执法人员在进行执法的过程中，可能出现执法消极的情况，因为有些时候在进行执法时会受到上级领导的干预或是受到其他方面的影响等。我国在民事诉讼或刑事诉讼中明确提出回避制度，为了保证判决的公平公正，参与审判的人员当与当事人之间存在影响案件公正审理的近亲属或利害关系的时候，就需要对该场审判进行回避。身为国家工作人员，应该严于律己，有职业操守，不能因为外部或内部的原因影响自己的判断。

针对上述问题的产生，我认为身为一名国家工作人员，最重要的是先提升公平公正的观念意识，树立坚定的生态文明治理观念，明白自己所在岗位的职责和义务，更好地为人民谋幸福，成为一名忠实的人民公仆；其次，采取责任制度，执法人员在进行执法的过程中要确保公平公正，并且要对所处理的案件负全责，确立追责制度。当案件的判决出现任何争议性问题时，做出判决的工作人员有义务解答民众的问题。当发现判决结果确实出现失误的时候，如果对当事人的经济产生影响，国家应该对当事人进行赔偿，并责令相关工作人员道歉，这样就可以有效地避免消极执法情况的发生。

此外，相关部门还要积极完善相应的监督制度，要建立事前监督、事中监督和事后监督等一系列监督体系，为执法人员进行各阶段工作铺平道路，让权力暴露在阳光之下，这样也可以在很大程度上避免不合法现象的发生。

最后，还要加大宣传力度，完善举报机制，确保公民都有参与权，对于举报人员要封闭其信息，确保举报人的安全，充分发挥人民群众的力量。

## 五、提高人民的生态意识，扩大民众参与环境治理的范围

国家的发展为了人民，在生态文明建设方面也不例外。但是想要使生态问题得到解决，一方面是国家在治理生态问题方面尽心竭力，完善立法、执法、监督体系，更重要的是培养公众树立生态意识，在他们内心形成一种生态道德规范，让环保成为他们自身的理念。在韩国的小学教育中，学校老师就开始教授小学生一些有关垃圾分类的知识，并且将这些垃圾分类的知识纳入考试考查的范围之内，用分数来检测学生的实际掌握程度。另外，日本也从小学开始开设培养环境保护理念的课程。

在一些经济发达国家中，人民群众都会积极地参与到生态文明建设中来，这对于我国而言是一个值得借鉴的经验。从近几年的调查结果中来看，人们对环境问题的关注度非常高，绝大部分群众都非常支持政府进行环境

改善，并且希望政府能够积极地完善相关制度法规。此外，政府在进行制度建设过程中，利用经济手段对发现的环境问题进行解决，这种方式非常有趣。从发达国家取得的成绩中我们可以得出以下几点结论，即：我国生态问题如何进行解决。首先要以我国基本国情为基础，借鉴国外先进经验，不断进行创新，并完善我国相关的法律法规。此外要形成具有中国特色的社会主义生态体系制度，发扬民主，健全公众参与机制，从根本上激发群众的环保意识，实现"普遍守法"。

日本法学家川岛武宜认为，"法的维持不能仅仅依靠政府，而是需要人进行维持，因为人才是行使和执行法的主体，如果没有人的话，那么法的维持是不可能实现的"。从这句话我们可以看出，法律的建立和维持不仅需要政府的支持，还需要普通群众的支持。毕竟在这个社会中，人是主体，人的力量决定了社会的发展方向。因此，每个人的力量不容小觑。首先，要培养群众的守法意识，这种意识的培养应该从小做起，我们要效仿日韩等国家在小学教育时期，就开始向学生们灌输环保的意识，让他们从小就知道遵纪守法。另外，还要在日常生活中，进行教育宣传和法律知识方面的普及，无论是采用走进课堂的形式，还是在街边公益讲课的形式，这些方式都可以对民众守法意识的形成起到良好影响。

从现阶段的我国国情来看，在人们心目中基本有了保护环境的意识，但是这种意识的深度和广度还不够深入和全面，民众的法律意识依旧淡薄。究其原因，我将其归为以下几个方面：首先，人们的受教育情况普遍提高，但是还有大部分人的法律意识淡薄。其次，人民群众本身对于环境污染的危险性认识不到位，还没有对环境污染形成深刻的意识。从这种现象来看，我国必须加大对公民的法律教育力度，增强我国公民对环境保护的意识，政府必须加大宣传力度，积极地进行教育宣传，让每个公民都能了解环境污染将会带来什么样的后果，并制定完善的法规制度，倡导绿色、低碳生活。相关部门要通过行政法、民法、经济法、刑法等各种形式的法律对环境进行保护，同时建立公民环境监督权，并建立相应的程序及公众号，从本质上推动生态文明建设步伐。

## 六、发挥媒体宣传作用

媒体是一个传播信息的媒介。随着时代的进步，信息技术的飞速发展，新闻媒体行业在人类生活中占据的比重也更大。手机、平板等携带型电子信息设备成为人们生活的重要部分，人们时时刻刻都离不开它们。实时性的新闻媒体信息占据了人们的生活。因此，政府在进行生态法治建设的过程中，要注意发挥媒体行业的引导和教育作用。首先，对媒体的负责人即管理层面的工作人员要进行法律方面的培训教育，使他们在思维方式上有所改变，在进行发展计划制定过程中重视对环境的保护，走可持续发展道路。另外，还要组建领导干部联动评估组，打破常规的绩效考核及评估制度。坚定地落实十八大拟议的科学环境绩效评估机制，考虑到区域经济和社会评估系统中的资源消耗、环境破坏、生态效益，努力引领干部重视对生态环境的保护，并将其作为决策制定的前提。其次，管理层面还要有意识地对员工进行法律知识方面的培训，政府可以派遣生态法律方面的人才到新闻媒体部门进行讲解培训，让员工能够深入了解生态文明法治建设，在日后把握新闻内容的选题、策划、引导舆论的方向等方面能够形成正确的见解，营造良好的新闻媒体环境，发挥舆论监督作用，将政府的执法行为暴露在阳光下，宣传企业保护环境的行为，曝光不法行为。最后，在网上开设关于生态文明法治建设的专栏，在网站上进行话题讨论，让每一个观看到的人都能了解环境的重要性，能够随时随地地借助网络了解环境，认识到环境对于我们人类生活的重要性。也可以创建或是选评先进单位或社区，使其扮演榜样的角色，并呼吁每个人坚持生态文明建设，参与生态文明建设。在宣传活动中，要注重关键点，进行有针对性的宣传。同时在进行宣传工作过程中，要全方位多角度多层次进行，明确法制概念，这样才能从根本上有助于生态文明建设。

★第六章　我国农村、城市、旅游业的
　　　　生态文明建设

# 第一节　我国农村的生态文明建设

现阶段，从国家的政策扶持上来看，我国主要倾向于扶持城市，关注点主要在对城市生态文明的建设上。随着我国城市生态文明建设的成熟，我国将治理重点转向农村，建立农村生态文明示范基地，以点带面，从局部辐射到全面辐射，争取打造全方位的农村生态文明。自党的十七届三中全会以来，十二五国民经济和社会规划提出，要转变经济发展方式，将科学发展作为主题，努力建设环境友好型社会。想要推进农村的生态文明建设，就要明确农村生态文明建设的主要任务和主要内容，确定农村生态文明建设的主攻方向，促进人与自然之间建立和谐的生态关系，加快建设农村的可持续发展。

农村生态文明建设事关农村人民生存的大事，是一项有利于农村可持续性发展和自然可持续性发展的重要战略。虽然现阶段我国已经提出了生态文明思想，但是这一思想并没有在全国范围内普及，这就需要国家和全人类共同努力，加强宣传生态文明思想，让农村的生态文明建设提上日程，积极改善农民生产和居住的环境，促进人与自然的可持续性发展。

以隶属于吉林省长春市的农安县为例，县委、县政府致力于开展农安县的生态文明建设，坚持以农村生态建设及环境综合连片整治和生态示范创建为切入点和突破口，加大环境治理力度。现阶段，整治效果具有明显成效，卫生环境大为改观，涌现出了陈家店、羊营子、苇子沟等乡村生态典型。现阶段农村生态文明建设取得了显著成效，获得了长足的发展进步，但从整体上看，农村生态文明建设和城市生态文明建设还具有一定的差距，国家想要促进城乡一体化的建设发展，还有很长的一段路要走。

## 一、农村生态文明建设过程中的问题分析

### 1. 农村经济发展与生态环境建设不同步

农村经济发展的衡量指标主要有住房、道路、禽畜犬舍、垃圾处理、柴草管理等方面。从住房建设上来看，农村人大多数都有自己的宅基地，在宅基地的基础上更新翻修房屋，基本上已经在全村实现了砖瓦化。甚至部分农村家家户户都有自建的二层或以上的小楼，还有小院可供家庭喂养牲畜和囤放粮食作物。在住房建设上，我们会发现每家每户的基础设施建设较为完善，但是没有一个统一的住房建设规划，存在着住房顺序排列混乱的状态。每家每户都按照自己的意愿进行加盖扩建等，忽略了农村住宅的规划性建设。从目前的情况来看，有统一住房建设规划的村只有百分之二十五。从道路建设上来看，我国农村已经实现了村与村之间的交通便利，连通村与村之间的道路是水泥道路，水泥道路取代了原来泥泞坑洼的道路，给人们带来了舒适的道路体验。现阶段，我国已经实现了一个村到另一个村的交通便捷，但是却忽略了村中内部道路的建设。在我国大多数的农村中，村中的小路大多数还是以土路为主，道路不平坦，一到雨雪天气就是灾难，道路会变得泥泞不堪，难以行走，给农村居民的出行带来不便。从禽畜犬舍规划上来看，大多数的农户家中都有小院，在小院中会开垦出一片区域专门用来喂养牲畜。农户的收入不仅来自作物，还有牲畜繁殖的一部分收入，这些牲畜既可以用来获取利润，还可以供给自家食用。表面上来看，这种人与牲畜在一起生活的模式，为人们生活和经济带来了便利，但是牲

畜也会产生粪便，产生臭气。农民对于牲畜产生的粪便没有进行合理有序地规划利用，粪便在居住区不断地发酵，臭气弥漫于空气之中，对人们的正常生活产生了不良影响。另外，在每户农民的家中都会设立茅厕，这是一种简易的、不带有冲水功能的茅厕。到了夏天，蚊蝇更容易在茅厕中滋生，带来传染病的潜在威胁。从柴草管理看，到了冬天，农户家秸秆乱堆乱放，既有消防安全隐患，又容易散乱霉变。还有许多农户为了图方便、图省事，就在街边焚烧秸秆，造成了空气污染，资源的浪费。

2. 化肥、农药对环境和资源的污染日益严重

农民的主要经济来源是作物丰收产生的经济所得，这是一种容易受到不可抗力因素影响的职业。因此，为了帮助农民们更好地对抗自然规律，科学家们研究出多种多样的农药和化肥，通过打药和施肥，让这些化学物质进入作物内，使它们能够茁壮成长，第二年能够为农民创造大丰收，获得一笔可观的利润。

从短期效果来看，化肥和农药的研发的确能够让农民们获得经济上的利润，但是从长远来看，化肥和农药的使用对于生态环境造成了不可逆的不良影响。那些没有被作物吸收的化肥和农药，渗透到土壤内，造成土壤污染，形成土壤板结现象，甚至有些土地出现了重金属污染。还有一些化肥和农药流入旁边的湖泊、河流，造成江河湖泊和地下水污染。以农安县为例，全县每年消耗化肥大约 36 万吨，而化肥利用率平均只有 30%~35%。有的乡镇农家肥的使用量从 10 年前的 70%，降到了现在的 20%，土壤有机质含量明显降低，目前只有 2.4%。农安县作为一个农业大县，土壤中有机质含量明显下降是一个十分严重的问题。全县每年使用农药大约 3 000 吨，一部分农药随着雨水流入江河沟渠，一部分随风飘移，农药包装物随处可见，污染环境、空气和地下水。仅用一个农安县作为例子，我们会发现在农村中，

化肥和农药污染现象日益频发，不论是空气、土壤，还是水，都会受到这些化学物质的污染。人们现阶段迫在眉睫的任务是加快治理生态环境污染，在治理的同时还要注意进行科技创新，用科技的手段防止产生环境方面的问题。

### 3. 企业排污、生活排污不容忽视

经过调查研究发现，企业选址建设会选在一些偏僻、人口密度小的地方，农村就是企业的首要选择之一。农村地区地广人稀，物价和房价偏低，对于以获取经济效益为主的企业来说，农村是一个不二选择。加之农村地区人们生态环境意识薄弱，政府对于环境方面的监管不力，极容易造成企业乱排乱放现象。例如：一些以个体户为主的小型作坊，在生产加工过程中随意向环境排放废弃物，影响周围的土壤、水和空气。还有一些以天然气、石油作为开采对象的大中型企业，在开采过程中会产生多种多样的废弃物，如固体垃圾、污水、污泥等，影响开采地旁边的土壤、水等，造成不同程度的污染。

人们在生活中产生的废弃物也是影响环境的元凶之一。在农村地区，我们经常见到有许多农村妇女拿着脸盆和衣服在河水中洗衣服，而洗衣粉中含有大量的磷元素，容易造成水体的富营养化，水中藻类疯狂生长，与水中的生物争夺氧气，造成大量水中生物死亡。

### 4. 农民生态意识薄弱

大多数农村人民没有接受过高等教育，绝大部分的农民的教育程度依旧停留在小学或者初中阶段，甚至是文盲阶段。他们生活在消息闭塞的农村地区，不了解身边发生的国家大事也就不足为奇。当一个人的基本温饱问题解决后，才会有意识地关注自身发展以外的事情。可以说，如何建设农村的生态文明，最主要的一点是积极转变农民个人的思想，培育他们保

护环境的意识，不能仅仅注重经济效益的获得。相比于经济效益来说，生态效益对于人们长足发展才具有长远的战略意义。当农民在自身脑海中已经形成了注重生态效益的意识之后，才能注重生态效益、经济效益和社会效益三者的有机统一，就会想方设法地减少生产生活对环境产生的不良影响，让资源的利用率得到最大化，造福于子孙后代，为他们留下丰硕的资源。

### 5.科技水平落后

先进的科学技术能够使不可再生能源获得最充分的利用，并能促进可再生能源的长足发展；科技进步能够使生产过程产生较少的废弃物，使废物获得再次利用的机会，这也从另一方面对生态环境保护做出了贡献和努力。科技水平的现代化程度直接决定着我国农业发展的速度，当前，我国农村农业生产中普遍存在着科技水平落后的现象，在发展农村农业经济与提高环境质量过程中不能充分得到科技的支持，并且在科技方面的财政投入也比较欠缺，缺少高水平的专业化科技人才与知识。

长期以来，我国在发展农业过程中最基本的特点就是靠天吃饭，采取的农业发展模式是依靠数量增长来加快农业发展速度，这种农业发展模式整体上来说采取的是粗放式的经营模式，处于粗放型经济增长模式。我国在农业发展过程中存在着基础设施差、生产条件落后、耕作传统、机械化程度落后、环境质量恶劣、可持续发展力度不够等问题。在发展农业生产过程中，并没有将完善资源利用结构、提升农业资源使用率作为发展目标，而仅仅依靠以"消耗量高、污染严重"为特点的粗放型发展模式，导致农业资源与能源不能得到最高效的利用。而与之相对，形成强烈对比的是以成本低、消耗低、污染轻及产量高、质量好和效益高为特点的集约型经营模式。农民通常不考虑对其造成的破坏与对环境造成的污染，只是盲目地开采资源与利用能源，如此长期的粗放经营方式积累下来就造成了耕地锐减、森林覆盖率下降等一系列严重的农业生态环境问题。因此，针对这一系列现象，我们应该尽快转变农业经济增长模式，进一步推进农业朝着高产量、高质量、高效率的方向发展。

6. 长期绩效考核体系的制约

以往的政绩考核制度有十分严重的重经济、轻环境的倾向，有很多地方还是以 GDP 论英雄，专注于搞政绩工程与表面工程，为了实现一定的政绩往往以污染破坏生态环境为代价，并且经常出现只顾当前利益而不顾长远发展的现象。在政绩考核制度中除了应考虑当前利益，更应该注重长远发展的可能，密切关注经济发展过程中是否对生态环境造成了影响，政府以政绩考核制度为出发点能够通过领导阶层的作用强调生态环境问题，进而能够对生态环境的保护与可持续发展起到积极作用。

## 二、我国农村生态文明建设的对策建议

### 1. 增强农民的生态意识

思想是指导人类行为的重要原则，生态思想在建设农村生态文明过程中占有重要地位。农村生态文明建设要求农民转变经济发展方式，生态意识指明农民行动的方向。因此，要让农民在心底深处认可并践行生态意识，对于我国建设农村生态文明具有重要价值。"生态意识是人类以包括自己在内的一切生物与环境之关系的认识成果为基础而形成的特定的思维方式和行为取向，是人们为了保护良好的生态环境，对于自身行为自觉地按照生态发展的规律，来规范各种活动的观念和意识。"生态意识是针对人与自然关系而制定的一种新的认识，这种意识产生于生态危机日益严重的当今，是一种在生态危机基础上重新思考人与自然的关系的认识，要求构建人与自然和谐相处的文明意识。所以要在我国广大的农村树立这种生态意

识，这样更有利于我国农村的生态文明建设。增强农民生态意识要从以下几点入手：

第一，从根本上来说，农民生态意识的形成得益于政府工作的支持。一个国家若想兴旺发达，必定会经历一系列的探索时期，所谓命运的旅程不是一帆风顺的。国家想要建设生态文明，必然要从农村和城市两个地区同时开展建设，农村人的文化水平相较于城市人民低，政府在农村地区开展生态文明，必然要经历一个曲折阶段。在政府的积极宣传之下，农民们的生态意识也能够得到一定程度的提升。

第二，要提高农民的生态科学知识水平。生态科学知识指的是要让农民具备科技素养，了解自己的行为会对生态环境造成何种影响，以及采用何种方法避免这种不良影响。生态科学知识是农民理解生态文明的基础，它不但可以帮助农民了解生态环境破坏的结果和原因，并理解两者之间的关系，还能帮农民认识到生态的多重价值。当农民的生态科学知识水平得到了一定程度的提升，就会深刻认识到生态破坏的结果，就会认识到环境破坏和污染的严重性。人们对于生态环境的破坏和污染，不仅会对生态环境造成不可逆的影响，影响其他动植物的生存与发展，更重要的是还会影响人类自身的生命安全，危害人类的健康，危及人类的子孙后代，使其继续承受上辈人的罪孽，为了上辈人的罪孽赎罪。人类若想要让人类生命绵延不绝，就必须转变发展思想，用生态的思想指导人类的生产生活活动。当农民们了解了生态破坏和污染的原因，他们就会知道环境破坏和污染的来源，自觉地约束自身的行为；认识生态的多重价值，他们就会自发地进行生态农业生产，自觉地保护环境。

第三，要提高农民的生态危机意识。现阶段，农民生存在一个充满着高科技的时代，传统的生产方式，例如：用牛耕田、人工施肥灌溉等方法已经被大规模的机器生产取代，机器已经走进了大多数农民的生产生活，为农民们带来便利的同时，也引发了自然环境的病变，产生了生态危机。政府部门应该积极地宣传保护环境思想，让农民在日常生活中都能够养成保护环境的意识，时刻警惕生态环境因为人类活动发生的改变。农民们应该树立生态危机意识，无论对现在还是未来，都要时刻保持着对环境破坏和污染的警觉性，防微杜渐，防患于未然。

第四，要提高农民的生态责任意识。国家想要让每一位农民都可以参与到生态文明建设当中，就需要树立农民的生态责任意识，让每一位农民的心目中都建立生态责任机制，让他们打心底里认可保护环境是自己应该和必须做的一件事，保护环境就是对自然、对他人和自己的生存负责任。农村生态文明建设需要每一位农民参加，建设农村生态文明也是每一位农民的责任。

第五，要提高农民的生态法治意识。生态法治意识的形成，首先要求政府对农民进行普法教育活动，让每一位农民都可以参与到生态法治教育当中。在活动的现场，工作人员用一些身边案例进行法律体系讲解，让文化水平低的农民也能够理解生态法治体系的内容。通过此次活动，教育农民切不可以身试法，明确他们对环境的不法行为产生的何种后果，做一位对自己、对家人、对国家负责的合格公民。生态法治意识就是要他们依据相关法律约束自己的行为，同时也要依据相关法律保护自己的生态权利。

第六，要提高农民的生态实践意识。前期教育活动中，我们只注重培养农民养成生态理论意识，却没有将理论与实践相结合，注重培养农民养成生态实践意识。生态实践意识就是要求他们把自己的生态意识投入到实践当中去，如果农民的生态意识一直停留在思想阶段，那么就不会对实际产生效果，这不利于农村的生态文明建设。这就相当于一种思想一直停留在理论阶段，而没有投入到实践中，真理与否也就无法得出正确结论。

我国农村的现实状况是农民的生态意识普遍没有形成，始终处于一种不自觉的状态，这就需要我国政府和社会各界人士共同努力，加强生态文明的教育和宣传。我国要建设农村生态文明，就要把生态文明的教育和宣传提上日程。教育和宣传要因地制宜，结合当地实际的案例，提倡发展生态农业，生产绿色无公害农产品。要让农民知道过度使用农药化肥不仅会造成瓜果蔬菜的大量农药残留，而且还会间接地污染自己的土地和饮用水，这是害人害己的双输结果。而发展生态农业，生产绿色无公害的农产品，不但能保护生态环境，还能产生更大的经济效益来提高他们的收入。

2. 发展现代农业，促进农业生态化发展

在我国广大农村中，农民们为了获得作物上的丰收，为了产生最大的经济效益，就会采用市面上常见的杀虫剂、除草剂、植物生长调节剂、多种类型的化肥等，为农作物提供良好的生存和生长条件，以期获得来年的大丰收。然而殊不知，虽然这些化肥和农药对于作物生长具有良好作用，但是这些有毒物质在作物体内不断积累，会对食用此作物的动物或者人类产生生存方面的威胁。还有一些食用过这些作物的动物，如果恰好是人类的食用对象，根据食物链的循环规律，毒素就会在食用此动物的人体中积累。含有化肥和农药的作物不仅会对人类和其他动植物的生存产生威胁，还会污染和破坏周围水体和土壤，这对我国农业的长久发展是极为不利的。从前面所讲述的内容来看，传统的农业生产方式最大的特点就是大量使用农药和化肥，农药和化肥的残留不仅使土地板结，污染土地资源，而且还污染了水资源，直接危害农村饮用水和灌溉用水，还会威胁人体健康和其他动植物的生存。为了避免这样的农业生产方式带来的危害，我们就必须利用现有的科学技术来转变生产方式，努力往更为生态的生产方式上发展，使现代的生态农业生产方式成为我国农业发展的方向。

2012 年"中央一号文件"强调要稳定支持农业基础性、前沿性和公益性的科技研究，着力突破农业技术瓶颈，在良种培育、节本降耗、节水灌溉、农业装备、新型肥药、疫病防控、加工储运、循环农业、海洋农业、农村民生等各方面取得一批重大实用技术成果。在党和国家政策的支持下，一些有识科学家们开始开展新型农业生产技术的研究，致力于创造一种低能耗、低污染的循环型农业生产技术，让农村民生朝着更好的方向发展。国家提倡的这种现代生产技术是在保护生态环境的前提下进行，让农民在生产的过程中，不仅能够获得最大程度上的经济效益，还能在最大程度上降低对生态环境的破坏和污染。总而言之，这是一种经济效益和生态效益统合的生产方式，是一种低能耗、低污染、优质高效的生产方式，这一类新型的农业科技必将能够为我国农业现代化建设提供动力和技术支持。

发展现代农业，国家不仅要在政策上支持新技术的研发，还要全力推动循环经济的发展。所谓循环经济，就是把一些人为干扰而断裂的物质循环过程重新复合起来，成为一个封闭的循环。在理论上，循环经济的发展和演变并不会有废弃物产生，也不会存在污染问题。循环经济的发展不仅能够在最大限度上降低污染问题的发生，还会提高资源和能源的利用效率，在最大程度上充分利用资源和能源。在我国，这类循环经济的发展模式已经在某些地区推广，例如北方的"四位一体"模式，南方的"三位一体"模式。这些循环经济的模式已经在部分地区得到推广，国家想要实现循环经济模式的全覆盖就要加大普及宣传的力度，让农民朋友们充分了解到开展这种经济发展模式需要用到哪些技术，以及这类模式给农民带来哪些好处。在实际生活当中，如果循环经济发展模式确实能够对农民产生许多有利影响，必然能够受到农民朋友们的推崇，大家之间口口相传，最终实现循环经济的全国普及。另外，政府还要支持并帮助农民建立这种循环经济发展模式，一个成功模式的开展不仅需要农民朋友的支持，还需要获得国家或者社会的政策支持和技术支持。国家选派优秀的技术人才到村，对农民们进行技术培训，增加农村中技术型人才的数量。政府通过重点示范和教育培训的方式促进现代农业技术在农村中的推广普及。知识就是力量，知识就是现代农业开展的支撑，让农民变成科技达人，树立用知识改变落后现实的奋斗目标。总之，这种循环经济模式既可以做到废物利用，而且还可以减少随意处理废物给环境带来的污染，同时也促进了农民增收。

3. 加强法律法规建设，发挥政府的主导作用

我国在进行生态文明建设的过程中，不仅要对城市开展建设活动，还要在农村地区开展。城市的工业化程度高，技术水平相对完善，居民的素质也比较高，国家在城市地区开展生态文明教育的效果也比较好。到了农村地区，农民们的文化素养相对比较低，大部分是依靠体力劳动来获取经济利益的人，生态文明建设进入农村地区会比较艰难。话虽如此，艰难也不代表着国家不作为，不代表着国家放弃对农村地区的生态建设。农村也是我国领土中的一部分，开展农业生态文明的法律法规体系建设是国家首先应该制定并完善的。

促进我国农村地区生态文明的建设，要制定完善的生态文明法律法规体系，用法的强制力来约束农民的行为，争取协调好农民与环境之间的关系，缓和两者之间的矛盾冲突。农村地区发展落后于城市地区，这不仅是我国的现状，也是全世界各国的现状。由于城乡经济之间发展不平衡，导致农村地区的立法、基础设施建设、科技等方面也落后于城市地区。我国农村环境立法一直处于落后阶段，时至今日，仍旧存在着许多的弊端和空白。2015 年 1 月 1 日，《中华人民共和国环境保护法》实施，该项法律体系的

实施在我国城市地区已经取得了良好效果，例如：环境监管部门对锅炉厂、水泥厂等重污染企业开展定期监管，依据情节的严重程度，对检查不合格的企业做出责令停产停业、吊销营业执照、罚款、没收违法所得的决定。环境监管部门对于房屋建筑、市政基础设施建设等施工单位进行环境质量检测，防止在施工过程中加重对环境的污染，开展施工扬尘环境监理和执法检查。城市在生态文明建设方面依法践行《环境保护法》，并且在一定时期内取得了一定的成效，让整个城市建设朝着更好、更美的方向发展。然而生态立法工作在广大的农村地区仍旧处于缺失状态，完善农村生态环境法律法规对改变农村地区的环境面貌显得尤为重要。

首先，政府应该将治理的中心转移到农村地区。虽然城市的发展主要代表了一个地区的经济发展水平，但是我们也不应该在生态文明建设过程中忽视对农村地区的建设。政府应该统筹城乡发展，发挥其主导作用，推进生态建设协调发展。城市的生态系统与农村的生态系统两者不是分离的，不是独立的，而是彼此相互连接、相互影响的。让城市带动农村地区，改变城市和农村两者原有的对立格局，将农村一并纳入城市建设的规划当中，最重要的是注重对环境保护工作的开展。

其次，政府应当因地制宜，在充分了解农村地区实际现状的情况下，根据地方发展规划的需要和实际情况制定地方法规。农村地区对空气的污染方式主要是焚烧秸秆，那么政府应当做好秸秆禁烧和秸秆翻埋还田综合利用工作。各个政府部门组成秸秆禁烧督查组每日开展督查巡查，同时借助无人机等现代化手段进行智慧监控，做到"空间覆盖无空白、职责落实无盲点、监督管理无缝隙"，确保农村地区全域、全时段、全面禁烧。为加强秸秆禁烧宣传工作，印发秸秆露天禁烧条幅、宣传单等，做到农民人手一份，各村（社区）与每户农民签订秸秆禁烧承诺书，全力确保全区"零火点"。

最后，政府可以在某些县级市、某些村开展生态文明试点建设活动，政府集中力量在这些试点区域开展生态文明主题教育活动，积极向农民们普及生态法律法规。执法部门在执法过程中如果发现村民出现违规、违法行为，要按照法律的明文规则，从严处罚，争取建立一个执法严明的示范村。在注重环境保护的规划下，建立一批生态乡镇和生态村，对于其他地区建设生态文明起到了榜样作用。

总之，在农村生态文明建设过程中，政府起到了主导性作用，制定完善的生态法律法规制度，积极进行生态教育宣传活动，提高农民保护环境的意识，带领农民群众严格遵守法律规范，从日常小事做起，努力争做保护环境的合格公民。

### 4. 增进各部门间的合作交流，促进联合监管

在农村生态建设的过程中需要有一个强有力的管理体制作为依托，在政策的实行和政府监管下，不断拓宽农村生态建设的管理和服务范围。尤其是中小城镇中的企业存在的排污问题应该得到有力的管制和引导，在农村范围内形成生态保护的自觉性。建立部门间和区域间的联合监管机制，实现及时有效的管理规范，将污染危害降低在最小的范围内。

农村城镇化建设中生态文明问题渗透在生产建设的各个环节当中，各个生产部门之间的有效合作是实现监管实施的重要保障。生态文明建设属于公共事业建设领域，也属于农村城镇化建设的长期战略规范问题的重要组成部分。农村城镇化建设在执行和实施上存在着诸多的问题和困难，在建设的内容上需要政府做出整体的规划和引导，在制度上需要政府部门和社会的共同监管和参与，在政策的执行上需要部门监管和法律的保障。

农村的城镇化建设实现了农村的开放性的发展，利用企业投资在技术

上和项目上的支撑实现农村经济成分的活跃，为长期的城镇化建设规划实现资金保障。企业看重农村的丰富的资源，在人力资源上能够解决农村的剩余劳动力的资源分配问题，在资源的利用率上通过先进的技术手段和设备条件创造更多的经营效益，对于企业和农村来说在合理的生态文明建设支撑下，其创造的价值是相互的。

5. 建立辖区监督机制，提升农村监管自觉性

对于生态污染治理应该形成区域间的管理监督机制，达成管理的共识。建立生态环境保护机制关系到周边区域环境，生态污染的辐射面积非常的广，将污染控制在最小范围内。跨区域的监管能够大大提升生态治理的管理效率，在区域间形成一个独立的生态保护运作系统，实现各个环境监管部门之间的组织协调，确保监督问责的及时有效。

在跨区域的环境监管问题上，各个地区的管理部门应该拥有独立的管理监督的权限，而相应的行政处罚应该由责任方所属地区的管理部门去执行，这样不仅仅可以避免污染企业和地方管理部门之间的不必要的摩擦，同时还提升了管理的效率，实现跨区域的管理问责。例如污水的排污治理过程中，同一流域的水污染监测就需要各个区域之间实现共同的取证和执法，对于污染事实的认定和处理应该达成一致，对于污染企业起到震慑的作用，提升企业的生态经营的自觉性。

6. 提升生态产业创新能力，优化农村产业结构

农村生态建设能力不足，很大程度上是由于产业格局不合理，农村的生态产业创新能力不足。提升农村的生态产业创新能力，实现农村产业结构的优化配置对于农村城镇化发展具有重要的意义。

从生态产业创新能力来看，以农业生产为主要经济来源的农村建设必要做出重要的改进。农业产业结构的调整能够实现农业生产的专业化、现代

化和产业化，通过科学技术创新实现农业的高产、高效、高品质。在生态文明建设的理念的指导下，以绿色生态作为农业发展的目标，生产出绿色环保的农作物，满足对健康生活的需求，保障我国的粮食安全。从技术手段上，积极借鉴国外先进的管理理念和生产技术，根据本地区实际情况进行农业技术创新实践，积极进行农作物的培育，通过技术改良提升农作物的产量，提升农作物防治病虫害的能力，注重企业和政府的参与程度，提升在政策上、资金上的有力支持，促进农业技术的创新能力，实现技术能力向经济效益的转换。

从农村产业格局发展的角度来看，应该注重两点，一方面因地制宜，另一方面注重合作。丰富农村的产业模式，通过第一产业和二三产业的相互促进，利用本地区的资源和劳动力优势，调整生态产业格局。在企业的引进上严格把关，对进驻的企业进行污染评估，鼓励具有生态产业创新能力的企业进入农村。对于农村的所有产业部门提出生态化的发展要求，在最大程度上降低生产生活过程中对于资源的消耗和生态的破坏。在专门的环境产业部门间注重污染治理、生产清洁技术、绿色产品生产和环境功能服务等内容的精细化管理，形成具有整体性的生态产业引导，实现生态产业的长远发展。

7. 实行资源有偿使用和生态补偿制度，确保资源的合理利用

生态保护制度的确立是农村城镇化建设的重要保障，农村的资源是有限的，在资源的利用上必须要有规划性，对透支有限的资源来获得短期经济利益的行为进行警示和处罚。资源的有偿使用制度和生态补偿制度的确立是必要的，资源的合理利用带来的是长期性的社会价值。

资源有偿使用制度需要细化到城镇化建设的公共建设领域，对于农村的整体资源利用情况进行统计和规划，对于企业的资源利用程度进行统计，

对于企业生产所产生的污染排放和垃圾处理问题进行明确，将污染处理的能力和污染排放量统一纳入到对于企业的污染排放问题的管理上，制定统一的污染指标，通过具体的细化的数据对企业的污染程度进行测定。对于超标的企业和农业生产所带来的污染进行责令整改，并予以相应的具体的资金惩罚，对于污染治理不利的企业和农业生产项目进行停产或者是技术整改。

惩罚和鼓励制度是相对的，对于利于农村城镇化建设长远规划的企业项目和农业生产项目需要进行大力支持，从资金补偿和政策补偿上为企业和农户建立绿色通道。调动群众生产的积极性，发展生态农业和生产产业，通过激励机制实现对生态发展的促进，广泛吸引优秀的企业和生产项目投入到农村的城镇化建设规划当中，配置以完善的技术和设备，通过生态补偿鼓励企业和群众的生态建设积极性。

## 第二节　我国城市的生态文明建设——以哈尔滨市为例

### 一、哈尔滨的水生态文明建设

哈尔滨市是我国最北端的省会城市，全国知名的冰城。一直以来，东三省在中国重工业经济中占据着重要地位。由于国家政策的扶持和政府本身对于人才的重视，带动着哈尔滨这座城市在经济建设、文化建设、政治建设等方面呈现稳步提升的态势。整座城市的经济实力不断增强，离不开各行各业的贡献，伴随而来的就有水资源消耗巨大的问题，水污染问题也日益严重。

就是在这样一个环境之下，哈尔滨的有关部门对于水资源的管理日趋严格，逐步推行水务工作管理一体化建设，取得了一定成绩，在对水资源的管理能力逐步提升的过程中，已经初步推广完成对水资源的最严格管理制度。

#### 1. 水生态文明体制已初步建立

建设节水型社会是完成建设节约型社会的重要元素之一，对城市水生态系统保护和修复措施的逐步实施使得建设节水型社会具备了相应条件。根据哈尔滨市所处地理位置带来的自然气候和城市水系特征，以及哈尔滨多年发展形成的具有独特魅力的城市特色人文自然环境，哈尔滨在自身城市水生态文明体制机制方面的建设已经迈出了坚实的步伐。

我国相对于世界平均水平来说，是一个水资源相对贫乏的国家，并且东西南北各个方位的水资源也分布不均。哈尔滨位于中国地区的东北部，属于水资源贫乏的地区，区域内水资源总量比较少，而且分布与全国情况相同具有很不均匀的特点，有个别地区距离地表河流水系较远，年降雨量也不多，自身可以利用的淡水资源不丰富，在不计算利用过境水量的情况下，水资源人均占有量很低。因此，哈尔滨市属于严重缺水城市。但是近年来，随着哈尔滨市城市建设的逐步发展完善，全市国民生活所需基础设施情况得到了改善。

面对全国水资源短缺这种大背景下的哈尔滨地区水资源匮乏的情况，节约用水成为哈尔滨生产生活利用淡水资源的核心旋律。近年来全市在节水方面采取的措施和取得的成绩也是有目共睹，已兴建实施了多项节水灌溉工程。中央大街防洪纪念塔是哈尔滨著名的地标建筑物之一，也是外地游客来到哈尔滨游玩时一定要去的旅游目的地。防洪纪念塔建成于1958年10月1日，是为了纪念哈尔滨市人民战胜"57年特大洪水"。哈尔滨市人民与洪水猛兽的斗争从来没有停歇过，每到夏季汛期松花江汛情都会牵动全市百姓的心，成为人们热议的话题之一。哈尔滨市防洪工程被社会多方关注，通过多年建设，不断完善已经建成具有一定规模的城市防洪体系。

二十世纪法国作家雨果就曾经用一句话来形容城市排水系统的重要性，"下水道是一个城市的良心"。现代大都市的城建规划发展成不成功可以从城市排水系统的排水能力方面得到直观显现，每到夏季遇到倾盆大雨连下几个小时的时候可以完美地检验出城市地下水排水能力，在城市内是内涝成灾还是一切如常大家都可以直观感受到。哈尔滨城市建设过程中历来重视城市排涝体系的规划和建设，在全市范围内已经建设成8个城市排水区域，在主城区范围内建成的排涝泵站数量达到 41 个，全市范围内形成的排涝体系具有一定规模。

（1）水环境的建设方面

我省积极响应中央号召，着力加强环境工程的治理工作，尤其是对水污染的治理，连年加大治理力度，松花江流经哈尔滨市范围内的干支流水质总体趋于好的方向发展。2012 年，哈尔滨市政府确定城市供水方案为多水源联合供水。到了 2013 年年底，松花江至平房区输水管线正式投入使用，第一供水一水厂与第二供水二水厂的原始管线也相继更加合理的充分利用，并在道里区的顾乡街道建设一座水源供水泵站，供水管网利用原管道提取松花江水，输配至平房区的磨盘山净水厂对水质进行净化。由之前的单一供水水源升级成为多个水源地可以供水的多级水源，解决了一个供水水源地的不利影响，不把鸡蛋放在一个篮子里。这是哈尔滨市供水系统安全性的一次大升级。

（2）生态系统的建设方面

哈尔滨市已完成了多处湿地的退耕还湿工作，生态系统的恢复下大力落实完善，松花江河道内的狗岛河滩地、前进河滩地，道里区与松北区交汇的阳明滩湿地等均已完成还湿工作。累计还湿面积已达 10 平方千米以上，成果斐然。

哈尔滨市近几年加大对水土流失的治理工作，效果显著，成绩斐然，对生态系统的恢复帮助很大。

（3）水文化景观推广方面

加大水生态文化宣传与建设，把责任落实到一线，落实到各街道，各企业，各校园，宣讲水生态文化建设的重要性。哈尔滨市依水而建，本身就说明了哈尔滨人民的内心是亲水的，智者乐水，从这个方面也体现出了城市底蕴，这是一座充满着文明与文化的国际性都市。另外，在每年的3月22日，哈尔滨响应"世界水日"的号召，积极宣传水生态建设的重要性，从而唤起公众的节水意识，加强水资源保护，并且大力扶持"节水周""我为家乡种棵树"等活动的举办，增强民众的参与度。

近些年哈尔滨市对于生态景观的建设不遗余力，打造"百里生态长廊，万顷松江湿地"为核心的旅游品牌，包括太阳岛湿地旅游项目的建设、金河湾湿地旅游项目的建设、阿什河湿地游项目的建设、白鱼泡湿地旅游项目的建设等多条旅游线路，致力于打造让市民对水环境满意，对生态景观认可的多项精品工程建设。

2.哈尔滨水城市文明建设中的问题分析

（1）水资源管理方面

第一，水资源管理制度仍需进一步完善。虽然已经初步推广完成对水资源的最严格管理制度，但是在一些具体要求和指标、具体管理制度和法规条例、制度落实情况考核办法等方面都欠缺完善和落实，如单位时间内消耗水资源总量、全市水资源有效利用率、各种污水排放到水功能区的限定指标等。虽然随着人们对水资源重要性的逐步了解，大家渐渐认识到了淡水资源在当今社会发展阶段的重要性和保护水资源的急需性，节水意识在生产生活中逐步成为主流意识，但是加强节约水资源的宣传工作，让大家变被动节水为主动节水，让节水成为习惯仍然有很长的路要走。

第二，水生态文明体制尚未形成体系。整个城市水生态文明没有形成自然良性循环，水生态系统较为脆弱，没有形成完整的水生态体系。体现在如下几个方面，首先城市和乡村的用水管理制度达不到协调一致，在乡村对类似于水资源乱用等问题的管理比较宽松，应该加快落实哈尔滨市及所属地区城乡水务一体化管理措施。其次在松花江流域哈尔滨段及上下游区域对松花江水生态的保护和管理不到位，没有形成协作机制。再次是对于区域内水权转换制度缺失，水价制度的改革更是没有落到实处。还有像中小河流治理措施应加大研究力量争取早日实施，对全市范围内湿地的保护更是工作量巨大等。

（2）水资源配置及节约用水

第一，水资源开发利用率低。近年来，随着哈尔滨市城市建设的逐步发展完善，全市人民生活所需基础设施情况得到了改善，但是随之而来哈尔滨市区域内用水量逐年增加，水资源的供应变成了难题，使得水资源问题变成了限制城市发展的因素之一。在利用本地水资源和过境水资源方面还存在开发利用不合理等情况，尤其是对松花江水的有效利用率远远达不到标准，仅有不到1%。在全市范围内尤其缺少能够对水资源起到有效调控作用的大中型水利工程。

第二，用水与节水仍有矛盾。近年来全市在节水方面实施的举措还存在很多不可避免的问题。说到消耗水资源量的多少，农业灌溉一直是用水大户，哈尔滨耕地面积中利用现代化节水灌溉技术发展的节水灌溉耕地占比较少，尤其体现在旱作农业耕地方面，兴建的节水灌溉工程不多，建成后实际节水作用也不大，旱田种植还沿用传统大水漫灌模式，造成了水资源大量浪费。在工业生产中，只有很少一部分有实力、效益好的企业发展推行了生产节水现代化技术和科学节水工艺流程，投资购置安装了水循环处理利用系统，其余企业仍然沿用传统技术和落后工艺，企业生产运营消耗水资源量大，更没有污水处理二次利用的可能。在居民日常生活用水这一板块，公共使用的生活节水基础设施建设不够全面，在大型公共场所，如市区内各个三甲医院、综合性大学、大型商超等地在节水器材应用安装方面不够普及。城市绿化灌溉和城市街道清洗洒水等方面没有大面积推广节水设备，造成了一定的水资源浪费。

（3）防洪排涝方面

第一，防洪体系仍需完善。通过多年建设，不断完善，哈尔滨市已经建成具有一定规模的城市防洪体系，但是由于早些年缺少总体规划，多年建设设计标准不同，各个堤段兴建年代不一，受历史原因影响建设基础不同，前些年堤防工程施工质量参差不齐，兴建的穿堤建筑物存在年久失修等问题。这些问题致使松花江堤防个别堤段堤身状况及堤防地基基础条件都比较薄弱，堤防堤顶高程也达不到国家标准要求的防洪标准，哈尔滨市区域松花江沿岸已建成的堤防不能统一发挥防洪作用，存在短板，一旦松花江大汛到来洪峰过境就会造成很多险情发生，所以对松花江堤防的全面高标准建设、对哈尔滨市防洪整体体系的完善都是任重而道远。

第二，局部地区城市排涝仍需完善。由于城建发展迅速，排水管网系统没有延伸到市区各个角落，市区部分区域排水孔不足，水量大时就会出现排水不够及时的现象造成路面积水。市区内还存在部分低洼积水地区，已建成泵站部分设备存在机械故障或者其他原因不能及时使用，低洼地区积水得不到及时排除。沥青、混凝土等不透水建筑材料在城建中的大量使用更使得现代化都市中不透水的地表面积巨大，一旦有大量降水，城市内陆地表径流量迅速激增，形成大面积流动积水，给排水系统带来的压力也是非常巨大，故建设成规模体系、全区域覆盖、排水流量满足需求的全市排水系统仍然需要付出很多努力。

3.哈尔滨市水生态文明城市体系建设对策分析

（1）建立严格的控制用水用量制度

按照黑龙江省下达的哈尔滨市取用水总量控制方案，于每年年底前制定下一年度用水计划并下达到各区、县（市）。完善执法监督，进一步明确各级水行政主管部门的职责范围，建立各级部门的取水许可执行情况定期报告制度，依法做到水资源费应收尽收。加强规划管理，加快完成重点水资源规划编制，市水务局组织并由相关部门配合，试点期间编制《水资源"三条红线"示范建设——哈尔滨市实施规划纲要（2015-2030）》；对于已批准的规划严格落实规划目标，在落实规划目标过程中强化水务、发改、建委、环保、农委、林业等相关部门沟通协调。

强化水资源论证制度。严格执行《建设项目水资源论证管理办法》等政策法规，规范论证和审查程序，明晰论证和审查内容，保证论证和审查质量。按照《水法》规定，结合"以水定城"发展理念，积极推进规划水资源论证技术与管理经验，提高规划编制的科学性和规划战略决策水平。强化计划用水管理，建立完善哈尔滨市计划用水管理制度，按时完成《哈尔滨市年度供用水计划》编制工作。同时，采取年初下达年度用水计划、按季度进行考核、对超计划用水单位依法征收超计划加价水费或水资源费等措施，做好年度计划用水指标下达与季度考核工作。拓宽计划用水管理范畴，逐步完善洗车、洗浴等高耗水特殊行业的管理，到 2016 年逐步将符合条件的单位纳入计划管理范畴。加强节水设施"三同时"管理、水平衡测试管理及节水产品认证管理等基础制度建设，提高用水效率和节水水平。加快推进节水技术改造，推广节水技术，逐步形成与其相适应的水资源开发、利用、节约、保护和管理能力。推广农业用水优化配置、高效输配水、田间灌水、生物节水和农艺节水等方面先进农业节水技术；以高耗水工业为重点，深化节水型工业建设，在哈尔滨市工业园区等新型产业园建设节水型企业、节水型园区，推广工业节水技术。加大节水技改推广力度，积极推广先进用水工艺、水处理技术和循环用水、综合利用及废水处理回用等措施，积极推进节水技术进步和生产工艺优化及产品结构升级，进一步提高用水效率。加强非常规水源利用，加强再生水、雨水等非常规水源利用，逐步建立非常规水源利用激励政策；严格执行《哈尔滨市再生水利用管理办法》，明确管理对象、责任主体、监督制度及奖惩措施，规范再生水利用工程的规划建设范围、再生水使用方向、公共再生水利用设施的养护维修及管理、再生水管道防护等方面的具体内容，促进再生水的利用管理。

（2）水功能区限制纳污制度

完善水功能区监督管理体系。根据《水功能区管理办法》《全国重要江河湖泊水功能区划（2011-2030年）》和《黑龙江省地表水功能区划标准》的有关要求，加强水功能区监督管理，开展水功能区水质监测。

（3）完善考核评价和责任追究制度

研究制订《哈尔滨市水资源管理责任与考核实施办法》（政府规章）；依据《水法》《取水许可和水资源费征收管理条例》及国家、松辽委和黑龙江省的相关规定，制订《哈尔滨市实行最严格水资源管理制度考核工作实施方案》（政府规章），提出具体考核内容、程序和方式等，严格责任追究，提高水管理的执行力。

（4）建立示范基地

近日，水利部办公厅印发《关于开展示范河湖建设的通知》，公布了全国东、西、南、北、中部地区第一批拟建设示范河湖17个省市名单。其中，东部地区4个，西部地区5个，南部地区2个，北部地区2个，中部地区4个。我省松花江佳木斯段列入北部地区拟建设示范河湖名单，对我省推行河湖长制，改善河湖面貌，维护河湖生态健康，打造"美丽河湖"具有示范和引领作用。示范河湖建设遵循六个标准：一是责任体系完善；二是制度体系健全；三是基础工作扎实；四是管理保护规范；五是水域岸线空间管控严格；六是河湖管护成效明显。

示范河湖建设时间为 2019 年 11 月至 2020 年 12 月，通过实施系统治理和综合治理，建设一批"河畅、水清、岸绿、景美、人和"的示范河湖，实现"防洪保安全、优质水资源、健康水生态、宜居水环境"的目标，成为让人民群众满意的幸福河，为全国河湖管理及河湖长制工作提供样板。

（5）开展水体工作推进会

2019 年 11 月 6 日，省政府召开消除倭肯河流域劣 V 类水体工作推进会，会议提出，要打响倭肯河劣 V 类水歼灭战，确保年底前国控考核断面实现退出劣 V 类水的目标，2020 年水质持续改善。

倭肯河是松花江的支流，全长 326 公里，流经七台河、佳木斯、哈尔滨三个城市。2018 年，倭肯河抢肯断面由于氨氮超标，成为全省 62 个国控考核断面中唯一一个劣 V 类水体。也正是因为这个断面考核超标，我省未完成全面消灭劣 V 类水体的目标。

2019 年以来，省委、省政府先后召开省委常委会、全省总湖长制会议、专题推进会议，研究水污染防治工作特别是消灭劣 V 类水体工作。省生态环境厅还集中约谈存在严重问题的流域所在地方政府和企业。

2019 年 4 月份，各地积极行动起来，采取一系列切实管用的措施，提高污水处理水平。七台河市对现有污水处理厂扩建改造，提高了 2.5 万吨／日的处理能力，预计在年底前彻底解决市政排污管网溢流问题。桦南县开展"清河湖行动"，加快推进污水处理厂二期工程，提升了 1.5 万吨／日处理能力，依兰县城镇污水处理厂扩建了 1 万吨／日处理能力，在严格执行排放标准的同时实施超低排放。

从水质监测数据看，水质改善非常明显，2019 年倭肯河干流氨氮均值比 2018 年有明显降低，同比下降 60.7%，目前看，倭肯河抢肯断面 2019 年

189

1–10月水质类别为Ⅳ类，能够达到考核目标要求，但是由于2018年11、12月水质严重超标，历史欠账较多，消灭劣Ⅴ类仍面临较大的压力，达到考核目标要求的Ⅳ类水体压力更大。

会议提出，各级党委政府必须深化思想认识，提高政治站位，切实担负主体责任，统筹好上下游、左右岸的关系，实行联防联控，要抓住重点时段和重点工作。省生态环境厅每周赴现场开展督导，开展加密监测，及时发现研究遇到的问题，要抓住控污减排的根本，加强环境执法、考核和问责，紧盯重点企业，保证达标排放。倭肯河消除劣Ⅴ类不是最终目标，必须要保证水质达到水体功能区要求的Ⅳ类标准。

会议要求，必须把消灭劣Ⅴ类水上升到讲政治的高度，坚决打赢劣Ⅴ类水消灭战。要坚持党政"一把手"负总责，在省政府统一领导下进行，形成合力。省生态环境厅要牵头负责建立流域协调和议事机制，承担日常管理协调工作；省水利厅负责流域的水资源调配，并配合省生态环境部门及时进行生态流量调整；省住建厅负责推进污水收集、污水处理厂建设和运行管理，做到保工期、保达标、保稳定、保生活污水不直排；省气象局负责做好流域内"一市三县"气象预测。

## 二、哈尔滨市空气生态文明建设

### 1.哈尔滨市空气污染情况

（1）地理位置因素

哈尔滨地处中国大陆版图的东北部地区，属于黑龙江省的省会城市，全市面积近54 000平方公里。哈尔滨地势东高西低，东部和北部是低山丘陵，西部是平原，全市有接近一半的面积是平原地区，山地占三分之一，剩下是丘陵地区。纬度较高，属于温带大陆性气候，四季分明，冬长夏短。

哈尔滨的供暖季较其他南方地区供暖期长，每年的 11 月至次年的 4 月为哈尔滨的供暖季，此时期内哈尔滨风速较小，加之气温较低，空气流动缓慢，不利于污染气体和污染物的稀释和扩散。

（2）人为因素

众所周知，哈尔滨是一个供暖期较长的省会城市，供暖季节空气流动慢，容易造成污染物的堆积，形成空气污染。哈尔滨历史上有史以来最大的一次空气污染是 2013 年 10 月的特大雾霾天气。这次事件造成全市大范围内停产、停课、交通瘫痪、医院就医指数上升等。黑龙江省政府实行紧急政策，发布红色预警。雾霾是一种可吸入性颗粒物，对于人们的呼吸道系统产生影响，吸入多甚至会对肺部和心血管产生重大危害。造成以上现象的原因，主要有下列几种因素。

第一，燃烧燃料所产生的污染首当其冲。每年 10 月份，哈尔滨气温逐步下降，进入秋冬交换的季节，秋收伴随着副产品的诞生——秸秆，现阶段的技术水平不足以完全将稻秆二次利用，只能将秸秆燃烧，而且燃烧秸秆的时间也相当集中，这在短时间内造成的空气污染是巨大的；同时，冬季供暖开始进行，所有的锅炉开始起炉，哈尔滨的煤炭燃烧量是巨大的，加之煤炭本身质量低下，污染大，污染气体排放瞬间出现峰值。

第二，汽车尾气对空气质量的影响。汽车给人们的生活带来极大的便利，但同时也会产生副产品——汽车尾气。随着近些年人类生活水平的提高，城市汽车保有量迅速大幅度增加。城市汽车保有量增加，使得早晚高峰交通不便，堵车的时候汽车尾气排放的污染比行驶时的污染升高一倍以上，还有不符合国家标准的大型柴油车深夜出动，使得检测污染的数据会明显出现一个峰值。

第三，工业废气在影响空气质量的因素中也占有相当高的比例。在当今高速发展的时代，城市化脚步不断加快，伴随着无数高楼拔地而起，无数桥梁穿插而立。在建设城市过程中，工业生产过程会产生大量工业废气，这些废气在现阶段科技条件下肆意排放到大气中，对空气质量造成严重影响。

2.哈尔滨市空气污染对策研究

治理哈尔滨市的空气污染是一个长期且艰巨的任务，需要社会各界共同努力，才能够实现哈尔滨的空气质量提升。笔者认为，治理空气污染要本着"标本兼治"的原则，要有合理的规划。所谓"标"指的是要制定一个长期的战略发展规划，还要制定完善的法律法规政策帮助空气污染治理行动的有序开展。所谓"本"指的是要从空气污染的源头出发，掐断或者控制源头污染。由此，标本兼治，治理空气污染势在必行，从而构建绿色生态经济发展模式。

（1）加强宣传生态文明思想和可持续性发展的重要性

建设生态文明不是一个人、一个家、一个地区、一个政府就可以完成的事情，需要全人类的共同努力。全人类应该共同致力于生态文明建设，致力于保护环境，一起构建和谐家园。这是一种现实性的理想主义，真正能在现实生活中做到尊重自然、保护自然，让每个人都能够养成保护生态环境的意识，是一件任重而道远的事情。因此，加强宣传生态文明思想，弘扬可持续性发展的重要性对于建设生态文明具有重要意义。

哈尔滨作为黑龙江的省会城市，经济发展势头和优势相较于黑龙江省其他地区更为明显，企业来此投资建设的需求也比较大，因此，众多企业聚集在哈尔滨市，使得企业排放的废弃物堆积在城区或郊区中，造成空气污染日益严重。生活在哈尔滨市的市民在冬天经常碰到的就是雾霾天气，雾霾天气会损伤人类的呼吸道系统，引发呼吸道疾病、肺部和心血管疾病。

作为治理雾霾的领导部门，哈尔滨市政府必须采取行动，放弃单纯以经济增长作为考核目标的发展模式，树立正确的自然生态文明观念，把哈尔滨从"雾霾模式"转变成"无霾模式"。在全国积极治理雾霾的大环境下，治理环境的相关政策法律已逐步完善，我省要转变"先发展，后治理"的落后思想，将防止污染与治理污染同步进行，创建"生命高于一切"的新思想。虽然衡量一个地区经济发展水平的重要指标就是GDP，主要是看企业对于地区经济的贡献程度，但是如果这种增长是以损害环境作为前提条件的，那么这对于人类生存和发展是百害而无一利。

由此可见，哈尔滨市政府必须要有治理环境的决心，树立低碳环保的文明观念，转变发展模式，弘扬可持续性发展的理念。众所周知，东北三省是以煤炭和石油资源发家，而煤炭和石油又是造成空气污染的罪魁祸首。因此，政府必须下定决心对传统的煤炭和石油企业进行整改，限制煤炭和石油资源的排放量，定期对企业进行检查和监督，如发现违法行为责令限期整改，并进行罚款。政府应当对绿色经济产业给予支持，使其成为哈尔滨经济增长的中流砥柱。政府应当积极主动增加清洁能源的使用率，增加可再生能源的使用，限制煤炭能源的排放，要使经济、环境、资源三者和谐发展。另外，政府还应当定期组织相关的宣传人员到企业进行讲解和宣传，让他们提高保护环境的意识，担负起保护环境的责任，将其纳为生态文明建设中的一员。

在环保执法方面，将环保的地位提升到GDP之前，加大环保部门的执法力度，实行个人问责制，严格按照排污标准对企业进行检查，限制企业的排污量，不能以权谋私。在审批投资项目方面，要以环境评价制度为基础，对于投资项目要客观科学地进行评价，在保护环境的前提下发展经济，优化资源配置，坚持走绿色道路，坚持可持续发展。

在政府、企业和个人的共同努力之下，提升生态意识，将环境治理和防护放在首位，坚持科学发展观，走可持续性发展道路。我相信在社会各界的共同努力之下，哈尔滨市的空气污染问题一定会得到改善，最终将哈尔滨打造成"美丽中国下的冰城"。

（2）加强对污染源头的监管

控制环境污染的源头可以让保护生态环境的行为活动达到事半功倍的效果。

哈尔滨市一直是受雾霾天气影响的大户，虽然现阶段政府已经出台了相关政策对雾霾天气进行了治理，并在一定程度上取得了一定的成效，但是相较于其他地区，哈尔滨市雾霾天气的频发程度仍然很高。因此，哈尔滨市政府想要完全治理空气污染，受限于地理因素的影响，但是想要空气污染的程度减轻并取得良好的成效，这在一定程度上是可以实现的。这就需要哈尔滨政府建立完善的治理雾霾天气的配套措施，制定具有前瞻性的政策，并且在治理雾霾问题上，还要发挥群众的积极性和主动性，让人民群众成为监管源头污染的一员。在政府和群众的监督下，违法企业必须谨小慎微，一旦其违法行为被发现就要进行严厉的处罚。这种违法行为还会被媒体曝光，依据问题的严重程度，选择在全市或者全国媒体上进行曝光，对其他企业起到警示作用。控制源头污染，可以从空气污染的几个重要源头入手，有针对性地制定政策措施。

第一，从企业角度来看，企业是一个城市经济的命脉，是一个城市经济的主要贡献者，政府的税收很大程度上是由这些企业贡献的。虽然城市经济是由这些企业所把控的，但是也不意味着政府就可以对企业污染环境的行为放任不管。作为环境污染的重点来源，政府更应该加大对企业污染源头的管理和监督工作。严格控制企业排污标准，尤其是监督管理燃煤大户企业，并且加大力度处罚违法偷排的企业，对排放污染高的企业和设备进行淘汰，限制多次违规排放的企业，对于屡教不改的企业要及时限停，情节严重者要停产停工进行整顿。对于遵守政府制定的标准进行排放的企业，政府要给予一定的优惠，支持和鼓励企业的这种保护环境的行为，例如：减免税收、提供环保技术等。政府通过对违法企业的行为进行惩罚和对合法企业的行为进行奖励，鼓励对环境有益的行为，降低对环境的破坏。

第二，从交通工具方面来看，哈尔滨市的雾霾污染问题很大程度上是受到机动车尾气排放的影响，尤其是"黄标车"的排放量相当于新车的5~10倍，对于这类"黄标车"政府要强制淘汰，对于主动申报淘汰的车主给予一定的经济补贴，从两方面彻底限制"黄标车"。而且对于机动车尾气排放一定要严格限制，提高排放标准，相应的机动车燃油清洁度也要通过技术手段提升，全方位提升机动车排放水平。控制机动车使用情况，除了限号和减少公务车等方式，还可以完善公交配套的覆盖率，鼓励市民环保出行，从根本上控制减少污染物排放。

第三，从其他角度来看，可以从城市生活污染角度解决问题。政府可以采取走进社区等形式，让生态思想走进人们的日常生活，宣传生态环保的重要性和必要性，让市民在心底里认可政府的行为，让生态意识走进人们心中，成为一种道德信念。市民支持并积极践行垃圾分类政策，减少垃圾污染物的排放量。在交通出行方面，市民减少对家用轿车的使用率，选择公共交通方式出行，实现节能减排。政府为了支持节能减排出行，还应该增加公共汽车的发车率，让人民群众享受到公共出行带给人们的便利性，从而使得践行更有长效性。在农业方面，政府要开展生态保护走进农村活动，向农民普及生态法律知识，让他们意识到随意洒农药、施肥、焚烧秸秆等行为是一种损害环境的行为，是一种触犯法律的行为，会受到法律的制裁。政府还要鼓励农民少用或者不用化肥和农药，对于支持并响应政府号召的农民，政府可以在一定程度上给予技术或者经济上的支持补贴。

不论是企业的生产活动，还是人们日常的生活活动，都会对环境产生一定的不良影响。人们可能在日常生活中经常做的一件小事，日积月累都可能会对生态环境造成伤害。空气污染的源头是多元的，哈尔滨政府要想从源头上解决空气污染问题，是一个长期并艰巨的任务。政府、企业、普通群众之间多方配合，从源头上一起减少对环境的污染，控制源头的排放量，让大家一起完成减排的目标，从而达到治理空气污染的目的，还哈尔滨一个美丽的蓝天。

（3）建立健全生态法律法规体系

建设生态文明是一个永久性工程，保护生态环境是我们人类社会立足于地球的根本，没有自然的庇佑，我们人类也就不可能会存在。无论是以前、现在，还是未来，我们都应该将建设生态文明当成一项永久性的事业。法律是一个国家立国的根本，为了保证建设生态文明的持久性，我们必须建立一个完善配套的生态法律法规体系，做到有法可依，有法必依，执法必严，违法必究。让广大民众和企业认识到自己的某种行为可能会触犯到某项法律，认识到自己的这项行为是错误的，达到完全制止这种行为的目的。用法律手段保护环境，严格执行法律程序，决不手软，减轻空气污染。

首先，目前国家对生态污染问题制定了一系列涵盖性广泛的法律法规，但没有针对每一个细小方面进行仔细划分。因此可以说，中国在空气污染这方面的法律法规是空白的，需要哈尔滨市依据自己的情况，制定细节性法规。哈尔滨政府要根据国家已出台的有关生态污染方面的规定，加之本地区实际的污染情况，制定一个跟随时代步伐的全新法律规范。分析哈尔滨市的排放污染物，并且根据国家关于污染物排放的最新标准，重新审定哈尔滨市的机动车尾气排放问题、燃煤烟尘排放问题，以及建筑工地扬尘问题中涉及的 PM2.5 排放标准，制定全新的法律法规。对于违反法律的企业和个人，处罚绝不手软，实施按日累计处罚制度，协调发展行政执法与司法；并且要严格限制排污权交易制度，以此来合理限制排污，更重要的是要看到环境污染所带来的危害，并须认识到这种危害是具有滞后性和潜在性的，要适当延长《环境法》中有关诉讼时效期限的规定。提倡使用清洁能源，并对积极响应的单位和个人给予制度支持和经济补贴，建立并完善治理环境的法律体系。

其次，完善的法律法规体系可以让治理环境事半功倍。在环保部门进行执法的过程中，可以让执法行为做到有法可依和有法必依，用法律事实来说话，使得执法行为更具有权威性。另外，环保部门工作人员要做到执法行为的公开透明，保证执法行为的公开公正。环保部门在审查违法企业的过程中，利用法律的强制性手段责令其停产停业，对于污染情节严重者要责令关闭，撤销其营业执照和许可证，并依据违法的程度，对这类违法行为处以不同数额的罚款。环保部门在环境审批环节，相关法律要明确对于企业的审批标准，建立完整的空气环境审批标准，做到有法可依，建立并完善公民参与治理环境的法律法规，增强社会民众的环保意识，让公民认识到环保的重要性，履行自己的社会责任。同时，加大环保部门的执法力度，不能让执法过程形式化，真正做到有法必依，增加相关法律法规的可操作性。

构建完善的生态法律法规制度，只是人民行为规范的一个重要依据，目的是为了在全社会范围内形成一种保护环境风潮，让每一位民众都能贡献自己的一分力量，履行自己的社会责任。从政府、企业到社会公民都认识到环境保护的重要性，积极响应号召，遵守相关法律法规，从制度规范上致力于解决空气污染问题。

（4）助力企业产业结构优化升级

众所周知，东北三省是以前经济发展最快的地区，是国家的经济支柱。东北三省依靠重工业经济实现了经济的快速增长，经济增长的同时，也对环境造成了不小的伤害。哈尔滨以产业粗犷型的重工业为主，目前面临着产能过剩的问题，就是这样一种产业结构形式成为污染哈尔滨空气的一个主要力量，造成哈尔滨的雾霾天气频发。若想要解决雾霾的问题，从根源上治理空气污染，就必须着力于优化产业结构。

哈尔滨市现在正处在产业结构调整和发展方式转变的最好时机。第一，企业向集约型发展模式转变。雾霾产生的主要原因是工业污染，哈尔滨市政府必须出台相关政策，让企业实施源头保护制度，明确生态环境保护警戒线，控制各企业的污染物排放，制定严格的排放标准，对排放高、耗能高的企业要控制其产出。第二，提倡企业进行科技投入，扶持新兴产业。要积极建设绿色产业，开发环保产品，进行环保生产，实施环保包装，开展环保营销，获取环保认证，努力建立环保企业，逐渐放弃传统型资源产业与高耗能产业，逐步转向可持续发展道路，通过向绿色环保的产业转型，实现更有质量的高效环保型企业。

首先，哈尔滨应该对地区现有企业进行一个调研，对企业状况进行科学的评估。现在有不少企业因为盲目投资而导致能源消耗过量，还增加了对环境的污染排放量。面对这样一种情况，企业应该自身建立一个产能评估体系，对于企业自身的状况进行合理的评估后，再开展生产。企业还要积极探索更新新技术，进行技术上的变革，寻求一种更高效、更节能、更环保的方式提供动力来源。另外，企业间还可以形成同盟发展，企业之间通过兼并节能环保企业，淘汰落后的重污染企业，来谋取共同发展道路，构建资源节约型和环境友好型发展模式，实现产业结构的优化升级。企业自身不仅要努力，政府还应该对企业实行政策上的扶持。政府支持并鼓励企业的节能减排的行为，向表现良好的企业提供新技术支持，帮助企业实现产业结构升级，向新能源产业迈进。

其次，哈尔滨市要针对不同的企业采用不同的政策，采用区域产业发展模式，制定哈尔滨市的产业进入与淘汰标准，对于高污染、高耗能的企业要严格限制进入哈尔滨市发展，从根本上减少污染源。哈尔滨市各级政府要利用当前机遇，调整产业结构，改变发展模式，做好"顶层设计"，加强对实施主体的功能区划分进行界定。要想从源头治理空气污染，就要制定规范的源头保护制度，制定科学的生态保护警戒线，扶持新兴产业发展落户，逐渐放弃高耗能产业和传统资源产业，进而向更具有科技含量、更有内涵的产业模式发展。

最后，政府和企业将治理的重点放在可吸入性颗粒物的排放源上。因为造成空气污染的罪魁祸首主要就是工业污染，尤其是煤炭、石油、化工、冶金厂等行业，在燃烧能源的过程中，会产生大量的可吸入性颗粒物。如果这个工厂对于可吸入性颗粒物的降解技术不完善，就会造成可吸入性颗粒物在空气中大量漂浮的现象，从而加大了哈尔滨市雾霾天气发生的几率。因此，在治理空气污染的过程中，政府应当将重点转移到这些容易造成空气污染的行业中，对这些行业的排放物进行严格地把控和监管，把产业结构调整、发展模式转型作为环境治理的根本任务。将可持续发展与科学发展、绿色发展、循环发展、低碳发展视为新道路，有效利用资源进行环境保护治理。根据新的发展模式的需求，逐步完成产业规划，加快工业集中发展进程，促进集约集群发展。另外，哈尔滨在招商引资过程中一定要坚持四大原则：坚持绿色经济发展模式，坚持发展具有环保前景的产业，坚持走科学技术路线，拒绝高耗能、污染大的产业。依据以上四大原则对企业进行评比，淘汰不合格企业。

# 第三节　我国旅游业的生态文明建设

改革开放以后，我国的综合国力增强，人们的衣食住行等方面的基本需求已经得到了满足，人们的关注点不再局限于基本的物质需求，转而追求更高层次的精神需求。旅游业的蓬勃发展就是人类需求多样化的重要体现。旅游业的蓬勃发展不仅能够带动全球经济的蓬勃发展，还能够为人类带来丰富的生活体验。但是旅游业的发展会对旅游地的环境造成污染，破坏当地的生态环境。

## 一、我国休闲农业旅游项目的问题和对策

### 1. 我国休闲农业旅游项目的问题分析

（1）休闲农业旅游项目缺乏品牌效应

休闲农业旅游项目无论是在国际范围、国内范围，还是在区域范围内，多数并未构建自己的品牌，缺乏品牌发展意识和品牌效应。此外，从区域范围内的休闲农业旅游项目的内在关联来看，多数无明显的关联，缺乏有效的联系性，不具备规模效应，而以分散经营的模式存在。这一方面是由于项目缺乏政府的有效支持和扶助，缺乏整体上的宣传，或者宣传的力度不大，使其影响范围有限；另一方面是由于项目的分散化经营，以及其经营主体多为农户或地方性小企业，缺乏高效的管理模式，品牌意识不强，没有现代化的管理理念和管理人才，这使得我国休闲农业旅游始终处于区

域性、局限性的发展状态。

（2）基础设施薄弱导致项目间关联性较低

休闲农业旅游项目多处于城市郊区或者农村地区，而这些地区相对于城市而言，其基础交通设施较为落后，交通不便。受到交通的限制，区域范围内的休闲农业旅游项目之间联系不够，通往景区项目的道路则直接影响了产业开发和建设。此外交通的落后还导致游客的旅游体验不佳，影响其进一步的旅游消费和重游率。这一方面是由于农村地区长期以来的发展状况造成的，另一方面也是由于多数休闲农业旅游项目为农户私营，这使其缺乏对基础交通的反馈。

（3）项目资源开发不完善，缺乏产品开发的延续性与拓展性

对于我国多数休闲农村旅游项目而言，其资源开发规模较小，缺乏产品开发的延续性与拓展性。对当前我国有数据统计的农业休闲旅游项目进行分析可知，绝大多数项目旅游产品单一，在产品开发的深度和广度方面不足，而且在区域范围内产品的同质性较高，导致游客旅游的体验度较差，影响游客的再次旅游。在对温州市的休闲农业旅游项目进行的抽样实地调研的结果中发现，农家乐是休闲农业旅游的主要形式之一，而且占比较大，其经营主体只有极少数为大型文化旅游企业或者当地经济合作组织，绝大多数为农户自营，其在产品的开发意识和能力方面欠缺较大，没有统一的引导和指导，这使得多数休闲农业旅游项目发展的前景较为模糊。

（4）招商力度小，融资渠道窄

在结合地区优势旅游资源的休闲农业旅游方面，由于体制、观念、环境等因素的制约，自然风景型、民俗文化型旅游资源开发能力有限，招商引资的意识及力度较小，融资渠道较窄，这导致依托优势旅游资源的休闲农业旅游项目发展能力有限，这也是我国休闲农业旅游行业存在的较大困

境之一。整体层面上来看，多数农家乐旅游项目与当地的文化、乡俗、节庆等特色结合较少，显示独特农趣的项目较少，接待能力有限。并且多数农家乐以餐饮与住宿为主，尤其是在饮食方面具有一定的特色，但并未形成地方性的品牌效应。

（5）项目体验度不高，同质性太高

在休闲农业旅游质量方面，国内外成功经验及学术界的相关研究均认为，休闲农业旅游应突出农业特色，提高旅游活动的体验度，要严格区别于城市旅游。但是从我国休闲农业旅游的发展现状来看，多数项目的农业体验度不高，而且缺乏组织性与秩序性，产品的同质性较高。

2.我国休闲农业旅游项目发展战略建议

（1）以生态文明为导向实现农业与旅游业高效融合

在生态文明建设的指引下，农业向现代农业方向转型，农村社会不再以工业、制造业、加工业为经济发展的唯一路径，农业与旅游业在农村社会第三产业开发的引导下，成为农村生态文明建设的主要形式和趋势。农业与旅游业的融合中，农村劳动人群实现了三大转变，即"农民"向"农民与市民"的转变，"农业活动"向"农事活动与服务活动"的转变，"乡村"向"乡村与旅游目的地"的转变。此外，在农业与旅游业的融合中，还需积极吸纳其他产业，形成系统型、产业链性的休闲农业旅游业。在涉及三大转变中要保留农业旅游与城市旅游的差异，强调"农村田园中人与自然的和谐""农民朴实憨厚的人与人的和谐""休闲乡村生活中的人内心的和谐"。在农业与旅游业的融合中，要充分体现自然风光旅游的优势，借助现有优势旅游资源形成休闲农业与旅游产业链，构建以品牌自然风景旅游区为中心、向外辐射的休闲农业旅游体系，打造"自然风景旅游＋休闲农业生产体验＋农家乐餐饮住宿＋农产品加工"为一体的旅游系统体系。

城市居民的休闲农业旅游及农业生产体验并不意味着他们愿意吃苦，而是想体验另一种生活的乐趣，因此在农业与旅游业的融合中，要充分考虑周边城市居民的生活习性，重点在硬件、服务、内容这三个方面进行提升。

（2）优化休闲农业旅游产业，反哺农业

随着人们旅游观念的不断改变，旅游业的重心开始逐步从观光型向度假型、体验型、专项型旅游产品发展。从休闲农业旅游的发展来看，农业资源为产业旅游业提供了资源，丰富了产业旅游功能，这也导致了旅游产品内容的转变，实现了结构优化，这从旅游六大要素即食、住、行、游、娱乐、购物的变化可进行详细的解读。休闲农业旅游提升了农业服务的作用，延展了农业概念，使农村居民的消费层次提升，消费观念改变，增加了消费需求。休闲农业丰富了农业产业的内容，使农业的投入产出更加合理，进而改变了农业产业化形态，为现代农业发展提供了推动力。休闲农业旅游将农业产业推向了更高层次，旅游业的发展促进了农业产业的改变，反过来，休闲农业旅游又可反哺农业生产。以反哺农业的视角优化休闲农业旅游产业需从以下层面入手：

①休闲化形态：农业劳作→休闲活动、农业产品→休闲产品、农业用具→休闲用具、农业科研→休闲服务；

②专业化形态：产前调研、产后宣传推广、学习交流；

③定制化形态：游客包租、市民农庄、旅游企业包租。

（3）强化组织功能与领导，重视休闲农业旅游产业地位

在中国一些自然风景旅游资源与民俗旅游资源开发水平较高，在周边地区已经获得了一定的品牌效应的地方，地方政府对该类型旅游的政策倾向与政策支持力度较大，重视程度较高，但是对新兴的休闲农业旅游不够重视，使其在政策倾向上缺乏应有的地位。因此在今后的政府工作中，应

积极响应国家生态文明建设的号召，加强政府的协调统筹和扶持引导，强化政府在政策扶持、营造环境、公共服务、规范管理等方面的作用，大力发展现代化农业产业，将休闲观光农业视为传统旅游业的有效补充。

强化政府及专业合作组织在发展休闲农业旅游中的组织功能和领导功能，依据国家提出的建设资源节约型社会政策导向，引导农业向高效农业、现代化农业、可持续农业方向发展。政府需要进一步转变思想，重视休闲农业旅游在当地农业和旅游业中应有的地位，将休闲农业旅游真正发展成为新型、主要的农业增长方式。政府组织要积极发挥引导和扶持作用，建立健全休闲农业旅游管理体制和组织机构，强化各部门之间的工作合力，通过扶持和建立样板示范单位来形成辐射效应，推动该地区休闲农业旅游的快速发展。

（4）构建高素质人才队伍，提高产业整体发展水平

休闲农业旅游业的发展需要高素质的专业人才队伍来提高管理水平，因此在人才引进与培养上，当地政府应该建立有效的机制，结合当地实际评估情况，制定针对性的方案。首先，从专业人才培养上，需要加强休闲农业旅游专业人才队伍建设，加大对旅游专业人才的培训力度，落实有效的在职培训，打造高水平、高素质的休闲农业旅游各方面人才队伍。依托目前旅游优势，从现有人才中选择突出的、高素质的人才进行专项培养，并结合实际情况制定多层次、多渠道的培训机制，能够在短时间内完成休闲农业旅游高素质人才队伍的初步建设，先满足休闲农业旅游发展的基本需求。其次，从专业人才引进上，政府应与旅游类高校、职业院校等积极寻求合作，制定定向人才培养机制，从高校或职业院校中引入高水平人才。在具体实施上，可与高校或职业院校合作，为院校提供高质量的实习机会，通过考察留下高水平的管理人才，进而逐步建立一支能力过硬的休闲农业

旅游管理队伍。此外，对于目前现有的相关从业人员，包括政府或组织的管理人员，休闲农业旅游业的经营人员、服务人员等，举办培训班，或者选拔突出人员进入高校或职业院校深造，重点加强经营管理、安全卫生、法律法规、礼仪、环保等方面的知识培训，采取持证上岗制度，从而全面提升休闲农业旅游从业人员的素质和服务水平。

（5）加强市场营销，形成品牌效应

我国农业生产历史悠久，各个地区的农业生产方式和习俗有着很明显的差别。因此，结合本地资源特点，确定休闲农业区的开发方向，结合农业特色，制定科学合理的市场营销策略和品牌定位，切忌盲目地一哄而起，防止品牌定位趋同化。要努力开发绿色化、人性化、个性化、高附加价值的产品，以满足人们多样化的消费需求。在品牌定位方面，可以从以下几方面着手：利用当地民居、农民房或建设仿茅屋、竹楼屋、小木屋、鸟巢屋等具有浓郁乡土文化内涵特色和清新乡村气息的住宿，打造乡土文化民宿营地品牌。结合自身的特色优势，定位准确，选择性地配合相关的乐趣采摘、农业科技教育、古道行、漂流、滑草、拓展等丰富多彩的载体和内容项目，精心打造特色化的休闲农业旅游品牌。结合不同村落或地区的农产品特色，形成区域性、规模性的休闲农业园区，并分别制定具有区别化的品牌策略，避免旅游产品的同质化。

在市场营销方面，可从三个方面进行宣传：一方面是政府或经济合作组织结合当地休闲农业实际情况精心策划，营造声势，瞄准周边市场充分运用现代化媒体进行针对性的宣传，建立休闲农业旅游网络信息平台，将休闲农业旅游信息实时共享在网络平台上，并向市场做出针对性的推介。第二个方面，充分发挥当地现有的旅游资源优势，在现有优势景点设置宣传信息标示，精心组织编写休闲农业旅游信息和旅游指南，突出地方特色，分不同时段、不同地段，对不同客源市场与客户群进行宣传，将休闲农业旅游作为自然风景游、农业观光游、乡村民俗游、"农家乐"、乡野趣味游等的有效补充，拓展和延伸游客的旅游路线。

（6）注重环境保护，实现可持续发展

保护环境和自然风光是休闲农业旅游发展的前提和重中之重。在发展休闲农业旅游的过程中，必须要重视可持续发展，注重生态环境保护，以和谐自然的形式展现给游客，使游客在旅游中获得美好的体验。因此在休闲农业旅游开发中，同样应该重视环境保护，制定可持续发展战略。

在休闲农业旅游开发中，要关注各利益相关体的共同利益，综合考虑社会效益、经济效益和环境效益，坚持生态文明建设的指导思想，实现可持续发展道路，建立起农业、旅游资源保护体系。在实际的工作中，要明确各组织的责任和义务，制定切实可行的保护性规范，把休闲农业旅游当成是一种学习自然、热爱自然的过程，大家都有一种保护自然的责任和义务。

## 二、我国城市旅游项目的问题和对策

### 1.我国城市旅游项目的问题分析

现阶段，城市旅游项目在各个国家和地区掀起了一阵狂潮，人们纷纷奔向各个国家和城市体验当地的民俗风情。政府为了迎接城市旅游的热潮，满足城市旅游的可持续发展要求，保证当地经济、自然的统一协调发展，满足当地居民和旅游群体的身心健康需求，制定了一系列的政策措施。然而如何促进城市旅游业的可持续性发展，如何防治环境污染的发生，如何保证生态系统的平衡发展，这些都是人们迫切需要思考并解决的问题。

生态系统是一个复合型的系统，是自然、经济和社会三者的有机融合。城市旅游想要蓬勃发展，必然要兼顾自然效益、经济效益和社会效益，三者相互影响，相互制约，并且三者缺一不可。以往人类传统的观念认为，每个地区发展城市旅游，最先想要获得的是经济效益，其次是社会效益，最后才是自然效益。现在国家政策支持生态文明建设，加大了对生态意识的教育程度，全方位提升中华民族保护环境的强烈意识。因此，各个旅游城市在开展旅游业的时候，注重将自然效益放在第一位，防止对生态环境造成严重破坏。若破坏得不到及时的处理，有可能范围会扩大，甚至影响整个生态系统。可以说，城市生态旅游现今存在的问题主要在经济层面、社会层面和自然层面。

（1）经济因素

改革开放政策的施行，带动着一批重工业城市的崛起。依赖煤炭产业的山西，依赖石油发家的黑龙江，曾一跃成为我国经济的支柱。随着时间的推移，这些不可再生资源的储量逐年下降，经济产业结构固化，人与环境之间的矛盾问题更加突出，城市生态系统的转型刻不容缓。作为老一批崛起的城市，经济已经呈现高度发展的态势，政府将经济所得投入到兴建城市基础建设上，具有中国特色的异域风情建筑和文化异军突起，成为城市建设中的佼佼者，吸引着来自全球各地的游人前来瞻仰风貌。然而旅游业虽然能够为城市带来可观的经济收入，能够提高就业率，但是却对生态环境造成了巨大的压力。如果不及时采取改善措施，城市的经济生态系统将面临巨大挑战。

旅游城市的旅游发展水平受限于该区域的经济发展状况，反过来经济发展状况也受到旅游发展水平的影响。比起经济发展水平不高而资金匮乏的地区，经济发达城市可以在旅游资源开发和环保投入方面提供经济保障，从而带来大量的旅游收入，提高旅游城市的影响力和知名度，进一步促进经济发展，呈现良性循环的态势。经济欠发达的城市由于经济发展水平不够，人们劳碌奔波于满足自己的基本生存需求，没有足够的钱来支撑税收。这些经济欠发达的城市也因为城市经济吸引力不足，许多大型的具有强大实力的集团也不会到此投资建厂，由此形成恶性循环。没有完善的基础设施建设，没有独特的文化，旅游业方面的收入也带动不了城市经济的发展，整个地区的城市居民陷入了水深火热之中。

城市经济的活力是发展旅游业的主导因素，一个城市经济发展水平相较于其他地区高，就会吸引人才、资金、技术，由人才、资金、技术带动城市经济的稳步发展。以北上广城市为例，优秀的人才会被这些地区优厚的物质待遇所吸引，而大型企业会被这些地区巨大的上升空间所吸引，在此投资建厂。因此，人才、资金、技术等城市经济发展的动力到位，带动着城市经济朝着蓬勃方向发展。北上广地区的城市发展完善，吸引着一大批旅游者前来。在一些经济落后的地区，因为经济实力不强，科技不发达，与外界联系较少，城市基础设施不完善等因素制约着旅游业的发展。另外，还由于这些地方吸引不到旅游业管理人才，旅游从业人员整体素质不高，缺乏创新意识等，迫使该地区的旅游业管理混乱，缺乏旅游的竞争力，对于打造旅游型城市颇有难度。

总之，一个城市的经济发展水平决定了一个城市旅游业的发展。在经济发达的地区，人们的经济水平良好，生活条件也比较好，受教育的程度也普遍高，工作上的压力也比较大，更需要外出旅游来舒缓调节自己的情绪状态，以迎接新的生活。城市化率、人均收入等经济因素都直接关系到旅游城市的旅游发展质量和生态安全状态。因此，经济生态因素是维持旅游城市发展的重要保障，不但体现了旅游城市本地居民的生活状态，而且是衡量旅游城市开发旅游资源的经济投入能力及环境承载力水平的关键因素。

（2）自然因素

工业化时代的到来，人类的生产效率借助机器提升，人们对于自然的改造能力随之更强。城市的出现是人类文明的一种具体表现形式。城市化的迅速发展，必然带来自然景观面貌的改变。身处一座城池当中，我们会看到高楼林立的建筑，会看到充满人工痕迹的人文景观，会看到人工智能充斥着我们的日常生活，为我们的生活带来了极大便利，并且丰富了生活模式。然而这种城市化却为我们带来了城市绿化率低、森林被破坏、水源被污染、空气被污染等生态问题。现阶段，旅游已经成为人们追求身心享受的一种方式，旅游者大量涌入城市，对城市环境造成了一定的压力。城市生态旅游体系得不到充足的时间进行休养生息，使生态系统的自我调控和净化能力明显弱化。

经济的提升，不能以牺牲自然作为代价。地方政府想要打造一个优秀的旅游城市，借用旅游业的发展带动经济的发展，就必须在保护生态环境的前提下进行。优秀的旅游城市必须具备良好的自然生态环境、健全的生态评价系统及生态安全等级较高的旅游景区和生活区，其中，良好的自然生态环境包括空气污染程度低、环境质量好、森林覆盖率高、固体和废水垃圾处理及时，等等。此外，旅游建筑密度、旅游资源利用强度、旅游用地增长率、旅游地美感度等则反映出旅游城市的旅游资源状况。

（3）社会因素

人类是旅游城市的自然生态、经济生态和社会生态的主导因素，因此，建设生态旅游业的时候要注重发挥人的主观能动性，在每个人的心目中养成保护生态环境的意识。作为复合系统的主体，人类做出的决策和调控必然对整个旅游城市生态系统产生重要影响。

我国的现实情况是国民总体收入有了质的提升，追求的精神产品种类也丰富多样，但是整体来说综合素质没有得到很大的提升。走在城市的大街小巷，我们会发现遍地的废物、烟头、痰渍等，影响了整个城市的精神风貌。旅游者每到一处地方，通过"打卡"的方式，在这座城市留下属于自己的痕迹。社会生态因素主要包括旅游城市的居民人口特征、个人素质、旅游习惯及环保意识等，这些因素具有明显的社会特征，对于城市旅游的发展具有重要作用。若旅游者们普遍形成了环境保护的意识，养成了良好的旅游习惯，对于改善城市环境，引导城市居民生活方式具有意义。另外，旅游从业人员受教育程度决定着旅游城市的旅游业服务质量和发展水平，居民对旅游经济贡献度则决定了旅游城市旅游发展方向和维护旅游生态安全的经济投入能力。

2. 我国城市旅游项目的对策建议

（1）建立完善的生态法律法规体系

现代社会只有用法律制度才能更好地解决相关问题，法律的重要性体现在社会生活中的每个行业、每个团体。在城市旅游业建设过程中，完善的生态法律法规体系的建设显得尤为重要。法律是支撑一个国家或地区有序稳步发展的重要依据，如果一个国家或地区要科学地管理和发展生态旅游，首先要注意的是环境教育制度，制定环境保护法律制度是发展生态旅游的必要保障，生态旅游业也必须要这样的制度来加以规范。生态旅游环境保护规范应该依照科学的方法来制定并建立，这是一个法治国家发展的基本前提之一。因此，生态旅游环境保护法的内容至少应该包括：

①在不影响生态环境的前提下进行生态旅游活动开发与利用，不定期地进行监测与检测；②在生态旅游开发前进行科学的宏观的规划与管理，制定一系列开发步骤，提交上级部门进行科学研究，并制定有效的监督制度；③生态旅游景区周围及景区内必须有先进的科学设备宣传生态旅游保

护性作用及保护性的措施，提高人们的环境保护意识；④相应的政府部门定期对管辖区内的生态旅游景区进行有效的监督。

从科学技术视角来看，现代科技也需要用法律来进行约束，依法组织和管理生态旅游是实现科学技术与人、科学技术与社会、科学技术与生态旅游环境协调发展的根本保证，所以必须构建符合实际国情的科学技术生态旅游环境保护法制体系来约束生态旅游开发中对生态环境的影响，更科学地保证生态旅游健康发展。社会成员必须遵守法律法规，这种行为守则的建立是一种环境保护思想形成的前提保障，科学的环境教育制度、环境保护理念是生态旅游区别于其他旅游形式的特殊功能。生态旅游可以提高人们的环境保护的理念，对大众进行理念的宣传与教育，达到生态旅游最终的目的——保护性。当一个国家人民都关注生态环境，也体现出环境保护理念的成熟，成熟的生态环境开展生态旅游也就更加顺利。环境保护理念教育是建立科学生态环境保护法律规范的前提和基础，它能更好地为法律规范的建立提供帮助和借鉴。所以，在科学技术的研究和应用中遵守科技生态旅游环境保护法，其实也就是遵循生态系统的平衡法则。

（2）建立科技管理制度

科学和技术管理体系包括管理科学与技术，人力、物力、财力资源的合理配置，以及这些资源管理的优化与整合。如果要促进生态旅游的可持续发展，就应该建立合理的科技管理制度。

在城市生态旅游建设过程中，存在着严重浪费资源的现象，为了满足旅游者，吸引游客，旅游项目不断增加，角色定位不明确，开发规划缺乏科学的管理，导致对历史文化、历史古迹的破坏，打破了生态平衡，使生态旅游产业形态出现了恶性转化，偏离了原来生态旅游发展的意图。政府及旅游开发者和旅游经营者把重点放在竭力修建基础设施和修建娱乐设施上，甚至在旅游景区周围进行房地产开发，并没有对开发生态旅游进行合理的规划，盲目地开发导致生态旅游的性质产生了变化，体现出生态旅游开发规划不和谐。相比于其他国家，需要借鉴的很多，例如日本的富士山，只修建两千多米的上山的公路，山上没有台阶，没有缆车，旅游者不管年龄和体力的差异，如果你想体验山上的美景必须徒步爬上去，不仅保护了富士山本来的面貌，并且有更多的时间来维护自然资源的原始性；在澳大利亚国家公园里看不见旅馆，有的只是供游人野营的外观朴素典雅的基地，这样试图最大限度地减少对大自然及野生动物的干扰，形成人与自然和谐的效果；在中美洲的哥斯达黎加对生态旅游的发展最为重视，他们为了发展生态旅游，提出了"无人工痕迹"的指导思想及理念，这种理念已经在国际上受到了认可与肯定。政府必须在开发旅游资源的同时兼顾经济利益、生态利益、社会利益三者之间相互统一，科技管理的引入就是为政府提供可靠的科学工具与思想，必须从生态旅游未来发展的全局出发，合理利用资源保护生态环境，为旅游者提供美丽景观的同时，也注重自然的回应，实现旅游者与自然和谐相处的目标。现代交通工具的管理需要科学化的管理与规划，包括停车场的位置、保护区内禁止一切车辆通行的管理手段，等等。实现生态旅游的可持续发展必须建立科技管理制度，对政府及旅游开发者进行有效监督，合理规划开发生态旅游，把人力、物力、财力资源分配到管理与维护生态旅游资源上来，本着优化旅游资源的方针开展生态旅游活动，建立科技管理制度，转变生态旅游的发展理念与模式。

（3）建立有效的科学评审制度

科技评审，是指人们按照一定的准则和方法对某一科技研究项目可能产生的有利或者不利影响进行评估和审查，并在此基础上对该研究项目的实施可能性或如何实施该项目进行审核与评估，然后做出决断。科学技术评审包括科学与技术的评估和科学与技术的审核两个基本要素。科技价值的评估是科技评估的核心内容，例如，从科学技术角度研究生态旅游开发的综合评估。要对生态旅游的发展进行系统和综合评估包括对以下方面的评估：认识价值、经济价值、社会价值和生态价值，尤其要对生态价值的作用进行评估，综合各个方面进行评估。

科技审核，就是审查并核定某一科技研究和开发项目实施的可能性及是否允许开发的资格。科技评估和科技评审两者的相互依赖、相互渗透形成了有机的结合，审核的前提和依据是评估，评估的内在要求和结果是审核，两者是不可分割的，缺一不可。在科技评审的基础上对生态旅游开发研究与实施进行有效的评估与审核，确保在科技的作用下生态旅游的开发与建设减少对生态环境的影响。在科技评审的指引下有效地对生态旅游资源进行分析与权衡，才能对生态旅游的发展方向作出判断与决策。科技评审充分发挥对生态环境的评估鉴定作用，最大限度地防止或者限制生态旅游活动带来的负面效应，从而达到在科技的评审下的旅游活动与自然生态环境和谐发展。

总而言之，科技评审制度既可以为生态旅游开发与建设提供科技决策的重要手段，也可以预防科学技术给生态旅游发展带来的负面影响，实现科技、生态相结合的价值理念，把科技评审应用于生态旅游的新形式。那么充分发挥科技评审机制对生态旅游开发与建设的决策与防范作用，就需要我们做到如下几点：

第一，要通过法律和制度来保证科技评审在评审与决策中的权威地位。一方面，在遵守法律和制度的前提下，使科技评审可以发挥有效的评审与评估专业职能；另一方面，通过法律制定和部门的改革，确保科技评审实行过程中的权威性和有效性。

第二，科技评审必须兼顾其在评估与审核过程中的正面影响与负面影响，尤其对负面因素的分析。负面效应对整个评审的结论与社会效益、生态环境具有明显的影响，因此，必须高度重视负面因素生态环境带来的潜在的、间接的影响。

第三，在评审标准上，注重科学技术条件下的生态价值和社会价值。在两者发生冲突的情况下，必须首先考虑生态价值的影响，优先确保生态环境的价值。

最后，采用定量和定性相结合的方法向可操作性方向迈进，在实际科技评审中，必须从具体的评审任务、评审项目等实际情况出发，选择和运用较为成熟和较为适用的评审方式，进行有效的科技评审。

★第七章　建设生态文明的生态意义
　　　　与发展愿景

# 第一节 以环保科技为核心的生态经济

工业的发展对于我们的生活来说是一把双刃剑，从短期来看，工业的发展的确能够为人类赢得巨大的经济效益，但是从长远来看，这种利益的获得是以损耗自然环境为代价，是一种非长期的发展方式。当今时代趋势显示着生态文明的到来。工业文明时代所采用的机器生产的技术，消耗了大量的石油、煤炭等资源，排放的废弃物引起生态环境的异化，甚至威胁着人类的生存。人们一味地追求物质上的享乐，一味地追求经济朝着高速方向发展，而忽略了经济发展应当朝着环保、高质量方向前进。

生产力决定生产关系，是马克思在《资本论》中的精彩论述。科技创新的主要目的是提高生产效率，变革生产方式，提高能源的利用率。然而在现实中，科学技术却为人类带来了生态环境的异化，与改善生态环境的状况呈现反向发展的趋势。在工业文明时代，人们看到了技术上的革新对于经济增长带来的巨大效益，却没有看到生态科技对经济质量朝着高质量发展的巨大潜力。因此可以说，环保科技的创新能够有效地从环境污染的源头发挥作用，遏制环境污染的产生。众所周知，日本是一个非常注重环保的国家，也是最开始进行垃圾分类的国家。日本的产品留给我们的印象就是节能、节约、环保的形象，环保理念时刻贯穿于技术创新之中。另外，日本是一个非常注重科技创新的国家，各类新型、智能的高科技产品引得来自世界各地的人民纷纷抢购。这种节能、环保、高效的科技产品成为社会的发展趋势，人们不再片面地追求经济效益，而转为注重生态效益和社会效益的获得与否，注重两者的有机统一。

总之，人类在未来生活中，要注意科技发展与环境保护辩证统一，两者相辅相成。在生态文明建设过程中，必须要将科学技术的发展与生态的发展相结合，充分发挥科学技术的带动作用，缓和人与自然之间的突出矛盾，构建人与自然和谐相处的生态社会。

## 第二节　人与自然和谐共生的生态伦理

人类文明的发展演变，决定了人类伦理文化的转型。精神文化本身具有"历史惰性"，再加上中国伦理生成与发展处于特殊境遇的位置，确立了生态伦理转型的方向。回顾人类历史文明的发展变迁，伦理精神也随着文明形态的转变而转变。现今，人们已经步入生态文明时代，开始了生态文明建设活动，伦理精神随着时代的要求转变为生态伦理精神。当下生态文明时代的伦理精神建构提供了丰富的思想资源和深刻启示。

我国的生态文明建设实施到今天，已经经历了几十年的发展变革。在政府政策的指导下和引导下，在大部分人的心目中已经树立了保护环境的意识，明确了国家对于环境保护所制定的法律法规，并且用实际行动来证明生态意识深入人心，人们的生态觉悟日益提高。全球学术界，涌现出一批批研究生态学的文人墨客，例如曾繁仁先生、余谋昌先生等都是中国学界生态学研究的大咖。"生态哲学""生态美学""生态伦理学"已经不再局限于研究自然生态，而是作为一种时代精神的标志性符号，延展至整个人文生态，并成为文明合理性的价值标准。可以说，生态文明时代的主导价值观不再是经济理性，而是生态理性，生态文明的伦理学方法将是生态合理性。

从孔孟时期，我国的文人就开始讲求"天人合一""道法自然"，要求人与自然之间建立平等和谐的相处关系，不要过分地将自己的意志强加于自然，顺其自然。在古时候，由于人们恐惧宇宙的神秘，对大自然的存在保持着敬意，当人类社会出现了天灾人祸的时候，人们常常将原因归于自己的行为触怒了"老天爷"，因此受到了惩罚。祭祀活动的产生是人类出于安抚"老天爷"的目的而开展的活动。现今，放眼于整个人类社会，人们正在大刀阔斧地开展生态文明建设，将人与自然的关系定位于和谐相处的关系，寻求总体的发展进步，寻求的是一种以和谐促发展，以发展促和谐的基本目标。

科学发展观的出现就是生态文明建设的体现。科学发展观体现了生态文明的精神风貌，体现了人与自然和谐相处的生态伦理精神，实现人与自然的共同发展。科学发展观的基本内容即是全面、协调、可持续，其核心是以人为本，建设资源节约型和环境友好型社会，实现速度和结构、质量与效益相统一，经济发展与人口资源环境相协调，使人民在良好的生态环境中生产生活，实现经济社会永续发展。

生态伦理精神就是一种可持续的发展精神，主张公平地分配自然资源，实现资源最大化程度的有效利用。人与自然的关系是一种和谐相处、互相协作的关系，人类从自然中获取可用资源，反过来自然从人类身上可以得到应有的保护，实现两者的协同发展。在人与自然和谐相处的生态伦理精神的指导下，实现长远发展的需求，既能够满足当代人的需要，又能够满足后代人的需要，是一种"生态性"的科学发展观。

总之，科学发展观是生态文明时代人与自然和谐相处的生态伦理精神的体现。在现阶段，中国在进行生态文明建设的过程中，将科学发展观作为指导思想，逐渐深入到整个社会的内在机理和生态秩序中，从而实现生态文明建设的稳定有序发展。

# 第三节  生态文明的发展愿景

## 一、转变经济发展方式，发展循环经济

工业文明时代，人们过度重视经济效益的提高，不断地更新变革经济发展方式，创新科学技术，目的是为了提高生产效率，赢得更大的经济效益。然而这种粗放型的经济增长方式仅仅依靠加大资源的投放力度来实现经济效益，殊不知对环境造成了严重的破坏和污染。生态环境是人类赖以生存的家园，也是其他动植物生存的根基，然而人类粗暴的生产生活方式迫使自然反击，造成了许多动植物的死亡，甚至是物种的灭绝。人们也因为自然的报复而患病，有病重者甚至迈不过死亡这道坎。

在这样一个背景下，人与自然之间的矛盾越来越突出，经济发展对生态环境造成的压力越来越大。这种粗放型的经济发展模式已经背离了我们最初发展的夙愿，让我们向着可持续、全面、协调的发展越走越远。因此，我们需要实现经济发展方式的变革，更新科学技术，将保护环境的意识融入生产生活中，促进经济科技转变为生态科技，实现人与自然之间的和谐统一。

转变经济的发展方式，促进产业结构不断优化升级，就要发展循环经济。想要发展循环经济就要转变以往的"末端治理"的被动方式，转变为主动的严控全过程生产的防治方式，从而实现成本投入降低、消耗更少、污染排放更少的可持续性循环方式。在循环经济的引领之下，改善生态环境的

质量，平衡生态系统。想要发展循环经济，需要从以下几点做起：

首先，煤炭、石油等不可再生资源是支撑大型企业的重要动力之一，它在人们的生产生活中不可或缺，但是这不意味着它会一直处于重要的地位。现阶段，使用这些资源的企业要使用清洁工艺，降低废弃物向生态环境的排放量。另外，企业还要拓宽可用资源的范围，向着太阳能、生物能迈进。其次，加强政府的引导和干预作用。政府是一个国家的权力机关，它的行为具有强制力和约束力，让企业和个人按照生态法律法规的规定约束自己的行为，对于违法行为处以一定的合理处罚。政府还可以对遵纪守法的个人或企业，进行一定的财政补贴，支持相关的企业和个人进行循环经济技术和项目的开发使用。最后，企业要有创新意识，促进产业结构的优化升级。以往我们的发展以工业为主，忽视了农业和服务业。现阶段，我们要改变经济发展方式，实现农业、工业和服务业三大产业互相协调发展，提升农业和服务业的水平，加快农业和服务业的发展速度。与此同时，我们还要注意发展环保事业和知识产业，提升它们在经济发展中的地位和作用。

## 二、提高民众生态意识，营造生态社会氛围

马克思的历史唯物主义认为，社会存在决定社会意识，社会意识对社会存在具有反作用。好的社会意识会促进社会存在的发展，相反，坏的社会意识会阻碍社会存在的发展。由此可见，社会意识对于社会的发展具有强大的影响力。人类意识支配着人类的活动，人类的活动又改变着社会的存在形态。人们想要在全社会范围内进行生态文明的建设，就需要从人类的生态意识建立入手，才能在全社会范围内形成良好的生态氛围，带动一代又一代的人将生态文明践行到底。

公众是生态文明建设当中的直接参与者，公众对自然的态度是建设生

态文明的关键。为了打造生态文明社会，就需要让人们真正意识到生态环境对于人类生存的重要性，意识到生态环境关乎人类种族的生死存亡。还要让他们认识到资源的有限性和不可再生性，增强他们的资源危机感和创新能力，争取在全社会范围内形成保护环境的意识。在整个社会中，每个人的力量都是不容忽视的，所谓团结就是力量。当每个人都形成了环保意识，都认识到环境对于人类的重要性，就会在全社会范围内形成一种社会氛围，用这种社会氛围的约束来提高人类保护环境的自觉性。当人类全员生活在这样一种生态社会环境当中，就会形成一种社会号召，让人们自觉投身于生态文明建设当中。一个良好的生态社会氛围的形成是多方协作的结果，可以从以下几个方面来实现。

首先，教育应该从小开始。学校应该发挥教育的主体作用，在人们的幼儿阶段，就应该普及生态环保的知识，当教师看到幼儿做出了不文明行为的时候，应该第一时间制止并解释这种行为是不文明的，争取在每一个班集体内，都可以形成文明守纪、生态环保的班级氛围。另外，通过学校教育和专家讲座等形式，在学生中普及生态环境保护的重要性，普及生态方面的专业知识，将知识进一步转化为道德规范和价值观，形成良好的社会氛围。从一个小集体开始逐渐扩大到一个大集体，培养全人类的生态环保意识。

其次，媒体应该发挥宣传的作用。当今是一个网络化发达的社会，人们通过移动设备就可以了解社会发展的动向，了解国家大事和社会新闻。生态知识可以借助媒体的宣传作用扩散传播，媒体不仅包括网络媒体、电视媒体、广播媒体等，还包括自媒体方式，实现全方位、全覆盖的宣传推广。

最后，政府和非政府组织应该发挥干预和引导作用。政府积极地进行宣传和推广，制定一系列的生态环境保护政策法规，进行生态宣传教育，让生态意识深入人心。非政府组织和社会团体积极配合政府部门的工作，响应号召，积极配合。在两者的协同作用下，政府用强制力规范公众的社会行为，非政府组织和社会团体鼓励公众参与生态文明的建设，让生态意识在民众心中扎根。

总之，生态文明的建设是一项长久且艰难的活动，全人类都是生态文明建设中的一员。从小做起培养公众的生态意识，培养保护环境的行为，以点带面，全方位辐射形成全人类的生态社会氛围。政府制定《环境保护法》，用强制力的方式规范人类自身的行为，遏制破坏环境的不法行为。另外，广泛调动多元主体参与生态保护，发挥不同主体优势互补的效果。生态文明社会需要政府、企业、社会团体和公民协同合作，共同治理生态环境问题。

### 三、建立完善的生态法律法规体系

生态现代化理论告诉我们，在我国生态文明建设过程中要充分发挥政府的主导作用。完善的政府管理制度是我国生态建设的制度保障。要推动生态文明建设，就必须在政治领域推进生态变革，加强政府环境保护的力度，做到合理干预市场行为，完善生态立法，积极转变政府职能，做生态文明建设的引导者。

法是治国之重器，良法是善治之前提。强化生态法律体系，可以促进环境法制建设的完善，同时环境保护行为也因此有了足够的法律依据和法律保障。当前我国改革开放不断深入，经济不断发展，环境法制建设迫在眉睫，应当着重保护自然资源，发展可持续经济及环境体系。针对上述情况，制定生态保护法律十分紧迫，不仅可以改善如今岌岌可危的生态环境，还可以推动社会整体的开发建设。为生态立法，一要遵循保护自然资源的原则，二要遵循污染防治的原则，在实践中不断完善好这一立法体系。一方面，我国要将起草和修订生态保护法落到实处，确保立法的专业性；另一方面，我国要加快填补法律的空白，尤其是自然资源保护、噪声防治、海洋环境保护及固体废物防治等专业性的法律；最后，法律法规的配套措施同样不容忽视。

当今的中国正处于一个社会转型的时期，很多领域都缺乏其自身的规范，生态保护制度化和法制化对于生态现代化的实现来说非常重要，同时价值观、制度和执行者之间的配合也不容忽视。若是价值观、制度和执行者各自为营，那么生态现代化也只是一场空谈。所以，我们要倡导培养生态意识，建立保护生态环境的政治制度，而执行制度的有效性和及时性同样需要关注。除了党和政府宣传和推动生态环境保护法之外，广大人民群众还需不断加强环境意识及法律意识，承担社会责任，遵法守法。唯有这样我们的民族才会更加团结，经济才能不断发展，生活或生存质量才能不断得到提高，人与自然才能实现和谐相处，才能早日实现美丽的中国梦。

# 参考文献

图书：

[1] 吴忠观.《人口学》[M]，重庆：重庆大学出版社，1994 年.

[2] 马克思，恩格斯.《马克思恩格斯选集》（第 1 卷）[M]，北京：人民出版社，1995 年.

[3] 宋言奇.《苏州生态文明建设：理论与实践》[M]，苏州：苏州大学出版社，2015 年.

[4]（美）刘易斯·芒福德.《城市发展史——起源、演变和前景》[M]，倪文彦，宋俊岭译，北京：中国建筑工业出版社，1989 年.

[5]（英）克莱夫·庞廷.《绿色发展史：环境与伟大文明的衰弱》[M]，王毅译，上海：上海人民出版社，2002 年.

[6] 张世英.《天人之际——中西哲学的困惑与选择》[M]，北京：人民出版社，1995 年.

[7] 王泽应.《自然与道德——道家伦理道德精粹》[M]，长沙：湖南大学出版社，1999 年.

[8]（美）奥尔多·利奥波德.《沙乡年鉴》[M]，侯文蕙译，长春：吉林人民出版社，1997 年.

[9] 马克思，恩格斯.《马克思恩格斯全集》（第 4 卷）[M]，北京：人民出版社，2001 年.

[10] 马克思，恩格斯.《马克思恩格斯选集》（第 3 卷）[M]，北京：人民出版社，1995 年.

[11] 马克思，恩格斯.《马克思恩格斯全集》（第 6 卷）[M]，北京：人民出版社，1961 年.

[12] 恩格斯.《自然辩证法》[M]，北京：人民出版社，1957 年.

[13] 列宁.《列宁全集》（第 5 卷）[M]，北京：人民出版社，2014 年.

[14] 列宁.《列宁全集》（第 28 卷）[M]，北京：人民出版社，1956 年.

[15]杨树明《生态环境保护法制研究——兼论重庆市生态法制建设》[M]，重庆：西南师范大学出版社，2006 年.

[16] 林超民.《林超民文集》（第 1 卷）[M]，昆明：云南人民出版社，2008 年.

[17] 马克思，恩格斯.《马克思恩格斯全集》（第 42 卷）[M]，北京：人民出版社，1979 年.

[18] 曾繁仁.《人与自然 当代生态文明视野中的美学与文学》[M]，郑州：河南人民出版社，2006 年.

[19] 席勒.《美育书简》[M]，北京：中国文联出版公司，1984 年.

[20] 宗浩.《应用生态学》[M]，北京：科学出版社，2011 年.

[21] 卢风.《生态文明新论》[M]，北京：中国科学技术出版社，2013 年.

[22] 孔繁德.《生态保护概论》[M]，北京：中国环境科学出版社，2010 年.

文献：

[1] 徐春.《生态文明蕴涵的价值融合》[J],《光明日报》2004年2月17日.

[2] 俞可平.《科学发展观与生态文明》[J],《马克思主义与现实》2005年第4期.

[3] 李宏伟:《生态文明建设的科学内涵与当代中国生态文明建设》[J],《理论参考》2012年第5期.

[4] 霍昭妃.《中国生态文明建设途径现实选择》[D],沈阳工业大学硕士论文，2012年1月.

[5] 王睿.《马克思的环境思想与我国生态文明建设》[J],《科学社会主义》，2013年第1期.

[6] 许士密.《"天人合一"观与和谐社会构建》[J],《党政论坛》，2006年第3期.

[7] 黄艳凤.《生态文化：内涵、价值、培育》[D],苏州大学硕士论文，2009年.

[8] 郇庆治.《生态现代化理论：回顾与展望》[J],《马克思主义与现实》，2010年第1期.